蛋鸡饲养致富指南

马学恩　主编

内蒙古科学技术出版社

图书在版编目（CIP）数据

蛋鸡饲养致富指南 / 马学恩主编. — 赤峰：内蒙古科学技术出版社，2020.5（2021.9重印）

（农牧民养殖致富丛书）

ISBN 978-7-5380-3213-0

Ⅰ.①蛋… Ⅱ.①马… Ⅲ.①卵用鸡—饲养管理—指南 Ⅳ.①S831.4-62

中国版本图书馆CIP数据核字（2020）第094385号

蛋鸡饲养致富指南

主　　编：马学恩

责任编辑：张文娟

封面设计：王　洁

出版发行：内蒙古科学技术出版社

地　　址：赤峰市红山区哈达街南一段4号

网　　址：www.nm-kj.cn

邮购电话：0476-5888970

排　　版：赤峰市阿金奈图文制作有限责任公司

印　　刷：赤峰天海印务有限公司

字　　数：175千

开　　本：880mm×1230mm　1/32

印　　张：6.875

版　　次：2020年5月第1版

印　　次：2021年9月第3次印刷

书　　号：ISBN 978-7-5380-3213-0

定　　价：20.00元

如出现印装质量问题，请与我社联系。电话：0476-5888926　5888917

编委会

前　言

　　鸡蛋是一种肉类替代品，富含蛋白质、维生素及氨基酸，在生活中充当了不可或缺的角色。我国是世界第一鸡蛋生产大国，2012年我国鸡蛋产量为2 453万吨，到2016年达到最高产量，为2 686万吨，到2018年下降至2 659万吨，2019年3月初产鸡群增多，2019年上半年鸡蛋产量止跌回升，鸡蛋价格自2019年3月份以来亦持续上涨，期货价格更站上近五年的高点。这些数据说明：一方面，我国蛋鸡饲养业确实有了长足进步；另一方面，我国蛋鸡养殖业发展的空间及鸡蛋的市场需求依然很大。

　　大力发展蛋鸡饲养业，对改善城乡人民生活，增加农牧民收入，推动农业、产业调整，发挥着重要作用。本书主要介绍蛋鸡品种、饲养管理技术、疫病防治等方面的实用知识和技能。全书分为九个部分，即"饲养蛋鸡的效益分析与市场预测""蛋鸡的优良品种""蛋鸡的常用饲料及配方实例""蛋鸡场的建筑、设施与环境卫生管理""蛋鸡的繁殖技术""蛋鸡的孵化技术""蛋鸡生产管理技术""蛋鸡场废弃物的处理"和"蛋鸡场疫病综合防控"。书后附有蛋鸡免疫程序、蛋鸡常用药物及主要参考文献。在编写过程中，我们注意让语言通俗、易懂，方法好记、实用，目的是使具有初中以上文化水平的读者都能看明白，都能学着做。本书适合广大农牧民朋友和乡村畜牧兽医人员阅读，也可供畜牧、兽医及相关专业的师生作为教学或实习参考之用。

　　本书的作者们多年来一直从事动物生产和疫病防控的教学和

科研工作，有比较扎实的理论基础和一定的实践经验。初稿是由禹旺盛同志组织完成的，我和禹旺盛同志反复协商，对全部书稿进行了数次修改、加工和内容的增减。我们希望本书能帮助农牧民朋友解决蛋鸡生产中的一些实际问题，同时也热忱欢迎大家提出批评建议。

目　录

第一章 饲养蛋鸡的效益分析与市场预测

一、蛋鸡的概念和现代蛋鸡生产的特点

蛋鸡是指经过人类长期驯化和培育，在家养条件下能正常生存繁衍并能为人类提供大量蛋只产品的鸡。主要包括蛋用型鸡和现代蛋鸡，前者以产蛋数量多为特征，后者是专门用于生产商品蛋的配套品系。蛋鸡按所产蛋蛋壳颜色，可分为白壳蛋鸡、褐壳蛋鸡、粉壳蛋鸡和绿壳蛋鸡等。

现代蛋鸡生产具有以下六个特点：

1. 劳动效率高

劳动效率高是指每生产一个单位产品，消耗的工时越来越少。由于供料、供水、通风换气、清粪、集蛋等生产过程高度机械化、自动化和生产分工专业化，国外养鸡业1人能够饲养管理10万~20万只鸡。即使在我国生产分工专业化程度不高的情况下，1人也能饲养管理1万~2万只鸡。与过去手工操作时，每人只能饲养管理2 000只鸡的劳动效率相比，真是天壤之别。规模化与集约化的蛋鸡生产使劳动效率大为提高。

2. 生产水平高

现代蛋鸡生产采用最先进的多学科知识（如遗传育种学、家禽营养学、生物化学、环境控制学、经济管理学、鸡行为生理学等），采用专门化的机械设备和疫病防治手段，创造出相互密切配合的良

好生产条件, 使蛋鸡生产水平更为突出。据我国有关资料分析, 现代商品蛋鸡平均为72周龄, 产蛋量300枚, 平均蛋重60克, 蛋料比1∶2.5（即每产1千克鸡蛋需消耗2.5千克饲料）, 产蛋期成活率为90%。蛋鸡的年产蛋量基本以每年多产3.35枚的速度增长, 开产日龄大约每年提前1~1.5天, 平均每只鸡年产蛋量将超过18千克。

3. 经济效益高

饲养蛋鸡具有生产水平高、鸡群周转快、饲料报酬高、繁殖力强、鸡舍利用率高、劳动效率高等优势, 其经济效益是十分可观的。按我国目前饲养蛋鸡形势分析, 商品蛋鸡的生产周期为72周龄, 如果每只鸡一个生产周期可获纯利润为8元人民币, 则10万只商品蛋鸡就可年获纯利润80万元人民币。如果在生产鸡蛋和鸡肉的基础上进行深加工, 则经济效益还会成倍增长。

4. 产品质优

饲养蛋鸡为人类提供了高质量的蛋食品。鸡蛋含有8种氨基酸、10余种维生素和多种微量元素, 尤其是蛋黄中含有卵磷脂、脑磷脂和神经磷脂, 能调节人体的神经系统, 促进大、小脑发育。鸡肉能降低人体的饱和脂肪酸和胆固醇的含量, 可减少人类患心脏疾病的概率。世界各国的食品卫生法均明确地规定了鸡蛋、鸡肉的卫生标准, 为给人类提供优质的食品起到了保障作用。此外, 各国加紧研究优良抗病品种和建立质量控制体系, 形成和维护各自的知名品牌, 建设庞大的营销队伍, 不但大大促进了蛋鸡生产企业自身的发展, 也起到了维护消费者权益的作用。

5. 生产规模大, 集约化程度高

由于各国蛋鸡资源条件和市场需求能力的不同, 其饲养规模也有区别。如美国近40%的商品蛋鸡由规模大于100万只鸡的养殖公司控制, 俄罗斯蛋鸡场的生产规模为100万只左右, 日本蛋鸡场规模为

1万~5万只,法国蛋鸡场规模为2万~5万只,我国大型机械化蛋鸡场规模为10万~20万只,中型机械化蛋鸡场一般为1万~10万只,小型的在1万只以下。大多数学者认为,蛋鸡场饲养规模以10万~20万只为宜,这样的规模便于管理和防疫。

大型集约化养鸡场饲养工艺和设备先进,有利于组织专业化批量生产,实现较高的生产效率,获得标准化的产品,具有消耗少、成本低、市场竞争力强的特点。但大规模的养鸡场对资金、技术和管理等方面要求较高。相比之下,小规模饲养场也有自身的优势,如投资少、周转短、见效快,能较好地利用当地自然资源,做到节本增效,同时可根据市场情况灵活组织生产。

6. 均衡供应市场

通过适当的鸡舍和环境控制设施,为蛋鸡创造适宜的饲养环境,使蛋鸡生产不受季节和气候的影响,以完全舍饲的方式组织生产,均衡供应市场。

目前我国大、中、小型规模养鸡场兼备,能相互补充,协调发展,可根据市场容纳状况,适度调节投资能力和技术力量,向市场投放相应产品,使企业增产增效,市场稳定,能充分满足消费者的需要。

二、效益分析

目前,随着我国市场准入制度的实行,很多地区农民自发组织成立蛋鸡养殖合作社,推动了蛋鸡的规模化、专业化养殖的进程,加上原已存在的各种规模化养鸡场,势必造成一些中、小散户的鸡蛋直接进入市场的比例逐步降低,经过鸡蛋加工企业的加工、处理、包装进入的份额逐步上升。在这种市场格局下,饲养蛋鸡还能否赚钱,怎样才能多赚钱?进行相关效益分析,需对不同饲养阶段的饲料消耗、产蛋周期、料蛋比、饲料价格、产蛋率、蛋重和死淘率进行仔细分析核算。现举例说明具体分析核算方法,各项基础数据如鸡雏价格、饲料价格、工资成本等多有变动,计算时应以实时数据为准。

从目前实际情况出发,可采用以下两种计算方法:

1. 案例1

以农户饲养规模为3 000~5 000只海兰褐壳蛋鸡为例进行利润分析。包括从购进雏鸡直至产蛋结束的成本支出及效益收入,只计算饲料成本费用和鸡蛋销售、蛋鸡淘汰和鸡粪收入,未包括固定资产折旧、人员工资、产蛋期正常死淘鸡消耗。

蛋鸡的养殖周期:从育雏到淘汰出售,一般为504天,分为两个阶段:第一阶段为生长期,即从育雏到开始产蛋,一般为140天;第二阶段为产蛋期,即从开始产蛋到淘汰出售,一般为364天。

(1)支出:

①购鸡雏费:假设每只3元。

②育成鸡饲料费:平均每只24.01元[包括育雏期42天×0.05千克/(只·日)×2.4元/千克=5.04元,育成期98天×0.088千克/(只·日)×2.2元/千克=18.97元;说明:育雏期饲料按2.4元/千克计算,育成期饲料按2.2元/千克计算]。

③产蛋期饲料费:每只100.46元[364天×0.12千克/(只·日)×2.3元/千克=100.46元;说明:产蛋期饲料按2.3元/千克计算]。

④防疫及药费:生长期(0~20周),在没有大的疫情发生的情况下,每只鸡的防疫费用一般约4元。产蛋期(21~72周),在没有大的疫情发生的情况下,每只产蛋鸡的防疫费用一般约2元左右。因此,一只鸡一个养殖周期防疫费用合计约6元(4元+2元)。

⑤总支出合计:3+24.01+100.46+6=133.47元(1只鸡成本)。

（2）收入：

①鸡蛋销售收入：平均每只入舍蛋鸡在一个产蛋周期内（364天）产蛋约300枚，每枚平均60克（全年产蛋18千克），鸡蛋价格假设7元/千克，鸡蛋收入=300枚×0.06千克/枚×7元/千克=126元。

②淘汰鸡收入：蛋鸡在产蛋1年后一般都要淘汰出售。淘汰鸡毛重价格平均8元/千克，平均毛重每只约为1.9千克，每只淘汰鸡平均售价为8元/千克×1.9千克=15.2元。

③鸡粪收入：近年来，由于化肥的大量施用，造成土地板结情况严重，不少农牧民转而使用农家肥，鸡粪价格也就不断提升，每立方米的售价平均为60元。根据从养殖户了解到的数据推算，平均每300只蛋鸡每个月产鸡粪1立方米，即每只蛋鸡每月产粪量约1/300立方米，每只蛋鸡一个养殖周期（504天折合16.8个月）的鸡粪收入为3.36元（1/300立方米×16.8个月×60元/立方米≈3.36元）。

④总收入合计：126+15.2+3.36=144.56元。

1只蛋鸡纯收入=总收入合计-总支出合计=144.56元-133.47元=11.09元。

盈亏平衡点（保本点）=（总支出-淘汰鸡收入-鸡粪收入）÷产蛋量=114.91元÷18千克=6.38元/千克=3.19元/斤。

因此，在全年蛋鸡饲养基本正常情况下，鸡蛋保本价为3.19元/斤。

2. 案例2

大型蛋鸡饲养场（年饲养5万只）的投资与效益分析。

（1）支出：

①固定资产折旧：按鸡场养鸡15年计算，共养10批蛋鸡，每批饲养5万只，假设鸡场建设投资250万元，其每只鸡分摊固定资产折旧费用为250万元÷10批÷5万只=5元。

②职工工资：假设饲养人员5人，每月工资1 500元；拌料人员1人，每月工资2 000元；防疫员1人，每月工资3 000元；会计、出纳2人，每月工资每人2 000元；场长（经理）1人，每月工资3 500元。每个月2万元，16.8个月（504天）共计33.6万元。平均每只鸡一个养殖周期大约分摊6.72元（33.6万元÷5万只＝6.72元）。

③购雏鸡费：假设2.8元。

④饲料费（饲料成本＝饲料消耗量×饲料价格）：其中，育成鸡饲养费：平均每只24.01元［包括育雏期42天×0.05千克/（只·日）×2.4元/千克＝5.04，育成期98天×0.088千克/（只·日）×2.2元/千克＝18.97元］。

产蛋期饲料费：100.46元［364天×0.12千克/（只·日）×2.3元/千克＝100.46元］。

每只鸡饲料费合计为124.47元（24.01元＋100.46元）。

⑤防疫费：生长期（0～20周），在没有大的疫情发生的情况下，每只鸡的防疫费用一般约4元/只。产蛋期（21～72周），在没有大的疫情发生的情况下，每只产蛋鸡的防疫费用一般约2元。因此，一只鸡一个养殖周期防疫费用合计约6元（4元＋2元）。

⑥水电费：指生产区用水、用电，平均每只鸡1元左右。

⑦总成本合计：总成本＝固定折旧费＋工资费＋雏鸡费＋饲料费＋防疫费＋水电费＝5＋6.72＋2.8＋124.47＋6＋1＝145.99元。

（2）收入：

①鸡蛋销售收入：平均每只入舍蛋鸡在一个产蛋周期内（364天）产蛋约300枚，每枚平均60克（全年产蛋18千克），鸡蛋价格假设8元/千克，鸡蛋收入＝300枚×0.06千克/枚×8元/千克＝144元。

②淘汰鸡收入：蛋鸡在产蛋1年后一般都要淘汰出售。淘汰鸡毛重价格每千克平均9元，平均毛重每只约为1.9千克，淘汰鸡平均售

价=9元/千克×1.9千克=17.1元。

③鸡粪收入：每立方米鸡粪售价在40～80元之间，平均为60元。根据从养殖户了解到的数据推算，平均每300只鸡每个月产鸡粪1立方米，即每只蛋鸡每月产粪量约1/300立方米，一个养殖周期按504天折合16.8个月算，每只鸡一个养殖周期的鸡粪收入为3.36。

④总收益合计：

总收益合计=鸡蛋收入+淘汰鸡收入+鸡粪收入=144元+17.1元+3.36元=164.46元。

1只蛋鸡纯收入=总收益合计-总成本=164.46-145.99=18.47元。

盈亏平衡点（保本点）=（总成本-淘汰鸡收入-鸡粪收入）÷产蛋量=125.53元÷18千克=6.97元/千克=3.49元/斤。

因此，在全年蛋鸡饲养基本正常情况下，鸡蛋保本价为3.49元/斤。

以上根据蛋鸡生产水平和鸡蛋市场价格，对两种不同规模蛋鸡养殖场进行分析。要想真正提高蛋鸡养殖效益，其最有效的途径是延长产蛋天数（一般最多延长21天左右）和增加蛋重（平均在60克以上），设计合理的日粮能量水平，控制饲料价格和降低饲料成本。这些是提高蛋鸡养殖效益的重要措施。

三、市场预测

市场预测是指通过调查和分析当前市场销售情况，对未来销售趋势做出估计，对鸡蛋和产后蛋鸡淘汰的市场做出预测性的评价。由于鸡蛋行情的波动规律性极强，所以每一个饲养者都应当尽量掌握这方面的知识和技能。为了使广大养鸡户根据市场波动规律做出准确分析预报，以减轻价格低时给自己企业造成经济损失和经营风险，现将鸡蛋价格的一般预测规律，鸡蛋价格涨落趋势的影响因素,鸡蛋行情预测法和鸡蛋行情变化等情况,简要介绍如下。

(一)鸡蛋价格的一般预测规律

(1)鸡蛋行情和当天全国鸡蛋的产量成反比。

(2)鸡蛋行情和当天全国的蔬菜价格成正比。

(3)鸡蛋行情和韭菜价格成反比(可能由于韭菜价格低时,喜欢吃韭菜炒鸡蛋的人就多,蛋价就好)。

(4)鸡蛋行情和六个月前养鸡户进鸡数量成反比。

(5)鸡蛋行情和六个月前养鸡户对养鸡的热情成反比。

(二)鸡蛋价格涨落趋势的影响因素

(1)每天下架鸡多于新开产的鸡,蛋价上涨,否则下降。

(2)小蛋比例很少,蛋价上涨,否则下降。

(3)蔬菜价格上涨,蛋价也上涨,否则下降。

(4)重大节假日前后几天,蛋价下降(可能由于鸡蛋的替代品如鸡肉、猪肉、牛肉、羊肉、牛奶、蔬菜等大量上市,价格下跌,使消费者转向对替代品消费,从而减少鸡蛋消费,使蛋价下降)。

(5)民工返城、学生开学时,蛋价上涨。

(6)夏末秋初,由于北方蔬菜青黄不接,伏天淘汰的鸡多,因此鸡蛋价格上涨。通常,好年景蛋价涨了以后不会再落,坏年景到秋白菜上市时,鸡蛋价格会下降。

(三)简述鸡蛋行情预测方法

(1)如果不考虑其他因素,蛋价以三年为一周期波动。例如,2019年8月鸡蛋行情急剧上升,持续15个月左右,其他月份则行情不好。下个周期从理论上讲,应该是2022年8月开始鸡蛋行情上升。

(2)每个人都可以根据周围养鸡的数量变化预测未来的价格

变化。例如，你先观察一下周围养鸡户现在有多少鸡在产蛋，假如你想知道6个月以后的鸡蛋行情怎样，那你就看6个月后周围养鸡户有多少鸡在产蛋，如果大于现在的量，蛋价就落，而少了蛋价就涨。

（3）立即影响蛋价的因素。包括蔬菜价格、禽流感等鸡病被关注的程度、天气情况、节假日等。

（4）远期的影响蛋价因素。如养鸡户对养鸡行业投资的热情等。

简而言之，一般情况下，养鸡的数量决定鸡蛋价格涨落的周期和幅度，其他因素对这种情况产生影响，使其复杂化。

（四）影响鸡蛋价格变化及养殖户收益情况的因素

1. 养殖成本因素的分析

（1）饲料费用分析。在生产成本构成中，主要的是饲料费支出，占总支出的60%～70%，第二项是雏鸡费，占15%～20%。其次是疾病防治费等。鸡蛋作为一种蛋鸡产品，实质上是饲料的转化物，所以饲料对养鸡户的影响最大。其中，玉米和豆粕是鸡饲料中能量和蛋白质营养的主要构成原料，分别占全价料（蛋鸡料）的60%～65%和20%～25%。玉米价格和豆粕价格的变化将直接影响饲料成本的变化，进而影响鸡蛋价格的波动。而国家农业政策的改变、农业收成情况，以及饲料行业状况等因素，又将直接影响到饲料价格的变动。因此，饲料成本是影响鸡蛋价格的主要因素。从近几年饲料价格来看，可谓是节节攀升。

（2）鸡雏费用分析。鸡雏费用占饲养总支出的15%～20%。例如，白壳蛋鸡，每只雏鸡按2.3元购入，90%的母鸡鉴别率，90%的育成率，折合每只雏鸡2.8元；褐壳蛋鸡，每只雏鸡按2.5元购入，95%的母鸡鉴别率，92%的育成率，折合每只雏鸡2.9元。

据调查雏鸡价格一般均随蛋价的变化而变化，雏鸡费用对蛋价的影响具有潜在的长远性。雏鸡的品质高低关系到鸡群的生长速度、产蛋量、抗病力、成活率等经济指标的效益,是影响鸡蛋价格的一个重要因素。

在品种繁多的优良鸡种中,每个品种在生产性能上都有各自的特点。能够选择到适应自身饲养条件的鸡种,在不增加任何投资的条件下,就可增加10%~15%的经济收入。

2. 供需关系分析

(1)生产规模分析。我国蛋鸡养殖业之所以会出现大起大落的状况,一个很重要的原因就是农户在蛋鸡养殖规模上存在盲目性。我国目前主要是以散户养殖为主,在统筹规划方面没有经验。很多养殖户看到别人养鸡赚了钱,不管自己条件是否具备,也不管全国整体养殖情况如何,会盲目扩大生产规模,出现蜂拥养殖,这样就大大超过了市场的承受能力,造成养殖户经济效益下降。同时,市场鸡蛋供过于求,相互恶性竞争,鸡蛋价格下跌。我国作为鸡蛋生产大国,在生产规模方面更要做好统筹规划,以保证我国鸡蛋生产可持续发展;养殖户也要根据周边养殖情况,进行有计划、有步骤的投资养殖。

(2)市场需求因素分析。蛋鸡养殖的经济效益受市场供求关系的制约,供过于求时,蛋价下跌,相反会提高。在市场经济条件下,一切生产活动均以市场为中心,以社会消费需求为导向。鸡蛋目标市场的消费结构和消费水平的变动情况,决定了目标市场对鸡蛋的社会需求量和市场购买力的大小,从而决定了养殖户生产规模的制定。消费者需求变化,直接影响到价格的是每年的四五月份和八九月份,几乎都会出现两个明显的高起波段,原因在于节前消费者(主要是大买家用户)对鸡蛋的需求量增加,所以带动价格上涨。

3. 其他影响因素分析

蛋鸡养殖收益除了与价格、养殖成本、生产规模等因素有关外，还受其他一些因素影响。

（1）替代产品的价格影响。尽管鸡蛋是人们的生活必需品，但也有一定的需求弹性。如鸡肉、猪肉、牛肉、羊肉、牛奶、蔬菜等，均可看作是鸡蛋的替代品，其价格变动也会影响消费者对鸡蛋的需求。一般来讲，在鸡蛋价格不变的情况下，替代品价格的下跌，会使消费者转向对替代品消费，从而减少鸡蛋消费；而替代品价格上涨，就会增加人们对鸡蛋的消费。鸡蛋的人均消费量与替代品价格之间存在正相关的关系。例如，每年的秋菜大量上市之际，秋菜价格低廉，人们就会大量购入蔬菜，减少对鸡蛋的购买量，鸡蛋价格就会下跌；反之，进入冬季，天气寒冷，棚菜价格高涨，也会带动鸡蛋价格上涨。

（2）消费习惯的影响。消费习惯主要受季节的影响。例如，夏季人们喜欢偏清淡食物，对猪、牛、羊肉等替代品的消费会减少，对鸡蛋的需求增多，鸡蛋价格就会升高；反之，冬季鸡蛋消费量减少，蛋价降低。消费旺季的影响。每年的春节、中秋、国庆节、端午节等节日，无论是鲜蛋的直接消费，还是加工需求都显著上升，需求旺盛，使蛋品市场需求进入一个高峰期，鸡蛋价格升高。这种阶段性需求的特点，使一年中不同季节鸡蛋销售价格不同，因此养殖户可根据市场变化规律安排生产，使养鸡获得最大的经济效益。同时值得注意的是，随着人们生活水平的提高，对鸡蛋的消费观念也在发生变化，由量变转为质变，对蛋品的质量安全问题尤为关注。例如，目前我国不少城市居民喜欢吃无公害绿色鸡蛋，对鸡蛋的产品质量和品种的需求有新的要求，鸡蛋这种潜在需求应该引起足够的重视。

（3）天气及运输成本的影响。季节变化除了影响人们的饮食习惯外，对天气影响尤为突出，而天气变化会影响到鸡蛋储运情况，直接关系到鸡蛋价格的变化。例如，每年的夏季，天气炎热，蛋品储存难度增大，如遇多雨天气，对物流运输也带来诸多不便；冬季，大风降雪天气也会影响交通运输。目前我国北方主产区的鸡蛋基本都销往南方市场，而遇到雨雪天气，物流运输障碍，直接制约鸡蛋价格。同时，国际原油涨价，运输成本增加，进一步对鸡蛋价格及养殖户收益情况带来影响。

（4）疫病的影响。目前，我国蛋鸡饲养场（舍）的布局弊端颇多，使用年代越长的鸡场（舍），环境污染越严重，尤其是一些养殖大村、大户，情况更加如此。随着蛋鸡业的快速发展，饲养环境逐步恶化，舍内有害气体浓度超标，诱发疾病，使产蛋鸡死亡率上升、产蛋率降低、蛋品质下降，疾病发生的种类与频率呈明显上升的趋势，导致用于鸡病防治的各种疫苗、检疫、消毒、药品等费用，占饲养总成本的比例明显提高。养鸡户感叹鸡病太多，药费支出太大。如2004年春季发生的禽流感疫情，由于疫情蔓延，造成大量产蛋鸡死亡或被屠宰，同时养鸡户因惧怕禽流感而不及时补栏，使产蛋鸡存栏量明显下降，疾病防治成本上升，造成蛋鸡生产出现大波动，结果不可避免地影响鸡蛋价格的稳定。

四、提高蛋鸡饲养效益的措施

（一）提高经营管理水平

1. 做出正确的经营决策

在广泛的市场调查并测算可获取的经济效益的基础上，结合分析内部条件，如资金、场地、技术、劳动力等，做出生产规模、饲养方式、生产安排的经营决策。正确的经营决策可收到较高的经济效益，错误的经营决策会导致重大的经济损失。

2. 确定正确的经营方针

按照市场需要和自身条件,充分发挥内部潜力,合理使用资金和劳动力,实现合理经营,提高劳动生产效率,最终提高经济效益。同时,既考虑眼前利益,又要考虑长远效果。实施正确的经营方针,以最低的消耗取得更多的优质产品,是最佳经营之道。

3. 适度的生产规模

一般情况下,养鸡的效益与饲养数量同步增长,即养鸡越多,效益越高。适度规模生产,便于应用科学管理方法和先进的饲养技术,合理配置劳动力,降低饲养成本。随着养鸡生产的进一步发展,市场竞争日益加剧,每个鸡场都要根据自身条件和市场情况制定出适合自身条件的饲养规模。

(二)降低生产成本

1. 降低饲料成本

饲料费用占鸡场生产成本的70%左右,所以降低饲料成本是降低生产成本的关键。例如,有条件的农村养鸡场,可自己种植解决一部分饲料玉米。

2. 降低水、电、燃料费开支

在不影响生产的情况下,真正做到节约用电、节约用水。

3. 产蛋期间合理用药

产蛋期应加强饲养管理,防止疾病的发生,尽量不用药。一旦发病需谨慎用药,其中下列药物禁用:磺胺类、呋喃类、金霉素、丙酸睾酮、复方炔诺酮、氨茶碱等。另外,鸡新城疫和鸡传染性支气管炎疫苗也禁用。以上药物都不同程度对鸡产蛋产生抑制作用。在日常饲养过程中,可以适当地定期在饲料中添加一些具有抗菌、抗病毒作用的中草药产品,如大青叶、板蓝根等,既不影响产蛋,又能起到增强机体抵抗力、预防疾病的作用。对无饲养价值的鸡,应及时淘汰,不再用药治疗。

（三）选择优质的蛋鸡品种

不同的蛋鸡品种，生产性能不同，对疾病的抵抗力和对气候、饲料的要求也不同。养殖户在购买鸡苗时，一定要到正规的大型种鸡场，根据当地的实际条件，选择抗病力强、饲料消耗适中的纯正蛋鸡品种。千万不要贪图一时的便宜，购买那些品种不纯的鸡苗。

（四）走产业化发展之路

蛋鸡生产必须走产业化之路，要求每个养殖户或企业必须摒弃原有的那套小而全的模式，促使社会分工、市场分工进一步细化，各专其职、各尽其能，形成一条完整的产业化链条。例如，蛋鸡育种企业、生产养殖企业、养殖农户、产品深加工企业、采购运输企业、饲料生产企业等等。在产业化生产链条中，每一环节都是产业化过程的贡献者，在各环节间求得合理的利润分配，这样才能从根本上保证蛋鸡生产进入良性循环。

第二章 蛋鸡的优良品种

一、蛋鸡的地方品种

我国幅员辽阔,蛋鸡的地方品种资源十分丰富,在优良鸡种尚未覆盖全国的情况下,一些边远地区大量饲养地方鸡种,这无疑对我国养鸡业的发展起到了一定补充和推动作用。但由于缺乏明确的育种目标,未经有计划的杂交和系统的选育,地方品种的生产性能较低,体型外貌不太一致。可它们具有生命力强、耐粗饲的优点,因其适应特定地区饲养,所以叫做地方品种。经1979—1982年全国性品种资源调查,已列入《中国家禽品种志》的鸡品种共有27个。现将我国几个著名的地方品种简介如下。

1. 仙居鸡

原产于浙江省仙居县,分布很广,属于蛋用型鸡。体型较小,结实紧凑,体态匀称,动作灵敏活泼,易受惊吓。头小、单冠,颈细长,背平直,两翼紧贴,尾部翘起,骨骼纤细。羽毛有白色、黄色、黑色、花色之分。跖为黄色,也有肉色或青色。成年公鸡活重1.25~1.5千克,母鸡0.75~1.25千克。该鸡5月龄开产,年平均产蛋量180枚,蛋重平均42克,产蛋量高低不稳定。

2. 惠阳鸡

原产于广东惠阳、惠东、博罗等地,属于肉用型鸡。头大颈粗,胸深背宽,腿短,有毛髻,羽毛黄色,喙及脚为黄色。成年公鸡活重1.5~2千克,母鸡1.25~1.5千克。年产蛋量70~90枚,平均蛋重47克,蛋壳颜色有浅褐色和深褐色两种。就巢性强(休产期长)。该鸡育肥

15

性能良好，沉积脂肪能力强。

3. 寿光鸡

原产于山东省寿光县，历史悠久，分布较广，属于肉蛋兼用型鸡。头大小适中，单冠，冠、肉垂、耳叶和脸均为红色，喙、胫、爪均为黑色，皮肤白色，全身黑羽，尾有长短之分。该鸡有大、中两种类型。大型公鸡平均体重为3.8千克，母鸡为3.1千克，产蛋量为90~100枚，蛋重70~75克；中型公鸡平均体重为3.6千克，母鸡为25千克，产蛋量120~150枚，蛋重60~65克。蛋壳为深褐色，经选育的母鸡就巢性不强。

4. 北京油鸡

原产于北京市郊区。具有冠羽、跖羽，不少个体颌下或颊部有胡须，所以人们把它叫做凤头、毛腿、胡子嘴。成年鸡羽毛厚密蓬松，公鸡羽毛鲜艳光亮，头部高昂，尾羽多呈黑色。母鸡的头尾微翘，跖部略短，体态敦实。尾羽与主副翼羽常夹有黑色或半黄半黑羽色。成年公鸡体重2~2.5千克，母鸡1.5~2千克。生长缓慢，性成熟晚。母鸡30周龄开产，年产蛋量110枚。胴体肉质丰满，肉味鲜美。

5. 内蒙古边鸡

原产于内蒙古乌兰察布市丘陵山区，中心产区靠近长城，因当地称长城为"边墙"，故名为边鸡。成年公鸡体重2.2千克，母鸡1.8~2千克，平均蛋重62.7克，个别可达80克以上，蛋壳为褐色。特点是就巢性不强。

二、蛋鸡的标准品种

通过人工培育，具有规格化的禽群，这个禽群具有相似的体型、外貌和较为一致的生产性能，并得到家禽协会或家禽育种公司承认的品种，叫标准品种。

（一）标准品种的形成

各国养鸡科学工作者组成家禽协会或育种公司，制定出各种蛋鸡品种标准，并开展品种评比，凡是符合标准的，就列入标准品种内，因而，世界范围内形成了许多标准品种蛋鸡。其主要特点是：生产力高，具有高度的育种价值，但往往需要良好的饲养管理条件和经常的选育工作，来维持它们的优良性能。

（二）蛋鸡的标准品种

1. 白来航鸡

原产于意大利，属轻型白壳蛋鸡，是世界上最优秀的高产蛋用品种之一，现分布于世界各地。体型小而清秀，全身羽毛为白色，冠大而鲜红，公鸡冠直立，母鸡冠多倒向一侧。喙、跖、皮肤均为黄色，耳叶呈白色。特点是性成熟早，产蛋量高，耗料少，适应能力强，无就巢性。缺点是易受惊吓。成年公鸡体重2.5千克，母鸡1.75千克。21周龄开产，年产蛋量13.2千克，平均蛋重60克左右，蛋壳白色。料蛋比2.4：1~2.5：1。

2. 洛岛红鸡

原产于美国洛德岛州，属兼用型蛋鸡品种。羽毛呈深红色，羽尾近似黑色。体躯近似长方形，头中等大，单冠，喙呈褐黄色，跖、皮肤为黄色，冠、耳叶、肉垂及脸部均为鲜红色。成年公鸡体重3.5~3.8千克，母鸡为2.2~3千克。母鸡26周龄开产，年产蛋10.5千克，平均蛋重62克，蛋壳褐色。料蛋比2.5：1~2.8：1。优点是体质健壮，适应性强，产蛋量高。采用洛岛红（金色羽基因）做父系，白洛克（银色羽基因）做母系进行杂交，其后代公母雏可自然鉴别，公雏为白色，母雏为红色。

3. 新汉夏鸡

原产于美国新汉夏州，属兼用型品种。体型与洛岛红相似，但背部较短，羽毛颜色略浅，只有单冠。成年公鸡体重3.9千克，母鸡3千克。优点是体格大，适应性强。在现代商品蛋鸡杂交配套系中起着一定作用。例如，主要用于与重型肉鸡杂交，利用一代杂种生产肉用仔鸡。

4. 白洛克鸡

原产于美国，属肉用型品种。全身羽毛白色，单冠，冠、肉垂与耳叶均为红色，喙、跖和皮肤为黄色。成年公鸡体重4～4.5千克，母鸡3～3.5千克。母鸡25～26周龄开产，年产蛋量140枚，蛋重60克以上。优点是蛋重较大，蛋壳呈褐色。用白洛克鸡做母系，白科尼什鸡做父系进行杂交，是目前著名的肉鸡母系品种，其后代生长速度快，胸宽体圆，体型美观，肉质优良，饲料利用率高。

5. 白科尼什鸡

原产于英格兰，为著名的肉用品种。目前主要与母系白洛克品系配套，生产肉仔鸡。该鸡体重大，胸腿肌肉发达，跖部粗壮，豆冠，喙、跖和皮肤为黄色。成年公鸡体重4.5～5千克，母鸡3.6～4千克；商品代肉鸡饲养56天，体重可达2.5千克。料蛋比2.2∶1～2.5∶1。

6. 狼山鸡

原产于我国江苏省。颈部挺立，尾羽高而直立，背呈U字形，胸部发达，体高腿长，外表看来威武雄壮，头大小适中，眼为黑褐色。单冠直立，冠、肉垂、耳叶和脸均为红色。皮肤为白色，喙和跖为黑色，趾外侧有羽毛。成年公鸡体重3.5～4千克，母鸡2.5～3千克，年产蛋量170枚，蛋重59克。优点是适应性强，抗病力强，肉质好。

7. 丝羽乌骨鸡

原产于我国江西、广东和福建等省，现已分布世界各地，主要做药用（如生产"乌鸡白凤丸"）和观赏。头小、颈短、眼乌，体型轻小，体躯羽毛白色，呈丝状。全身及内脏和脂肪均为乌色。成年公鸡体重1.35千克,母鸡1.2千克。年产蛋量100枚左右,蛋重40~42克,蛋壳呈淡褐色。缺点是就巢性强。

三、现代蛋鸡品种

现代蛋鸡品种是在标准品种(或地方品种)的基础上,采用现代育种方法培育出的新品种(系),是专门用于生产商品鸡蛋的配套品系。现代蛋鸡品种均属高产群体,在生产中常称为商业品种。现代品种与标准品种是两个不同的概念:标准品种是经纯种繁育,主要强调品种的外貌特征(如羽色、冠型、体型等);而现代品种强调的是生产性能(如年产蛋量、蛋重、料蛋比),是经过测定筛选出来的杂交优势最强的杂交组合。因此,用现代蛋鸡品种生产出的商品杂交鸡生命力强,生产性能高,且整齐一致,适合大规模集约化饲养。

（一）现代蛋鸡品种的类型

现代蛋鸡品种一般分为白壳蛋鸡、褐壳蛋鸡、粉壳蛋鸡和绿壳蛋鸡等4种类型。

1. 白壳蛋鸡

主要是以单冠白色来航鸡为育种素材培育的配套品系,因所产蛋壳是白色,所以称为白壳蛋鸡。常见的白壳蛋鸡有:

（1）星杂288：该鸡为四系配套(4个品种杂交),是由加拿大雪弗公司育成的,是誉满全球的白壳蛋鸡。其特点是开产早,产蛋量高,无就巢性,体型小,耗料少,产蛋的饲料报酬高。0~20周龄育成率95%~98%,产蛋期存活率91%~94%。20周龄体重1.25~1.35千克,产蛋期末体重1.75~1.95千克。72周龄产蛋总量270.6个,平均蛋重60.4克,每千克蛋耗料2.5千克。

（2）北京白鸡：该鸡是由北京市种禽公司育成的。包括京白

19

904、京白823、京白938系列，均为三系配套，是目前产蛋性能最佳的配套杂交鸡。突出特点是早熟，高产，蛋大，生命力强，饲料报酬高。0~20周龄育成率92.17%，20周龄体重1.49千克，群体150日龄开产（产蛋率达50%），72周龄产蛋总量288.5个，平均蛋重59.01克，总蛋重17.02千克。每千克蛋耗料2.33千克，产蛋期存活率88.6%，产蛋期末体重2千克。

（3）哈尔滨白鸡：该鸡是由东北农业大学培育的白壳蛋鸡配套系。具有产蛋量高，蛋的重量大，质量好等特点。生命力强，体型较大，外貌与来航鸡相似。雏鸡可以根据羽毛生长的速度，鉴别雌雄。21周龄产蛋率达5%，72周龄平均产蛋245枚，平均蛋重60克，料蛋比2.5∶1~2.6∶1，蛋壳白色。公母鸡配种比例为1∶12~1∶15，平均种蛋受精率95%，平均受精蛋孵化率85%。无就巢性。

（4）伊莎白壳蛋鸡：是由法国哈伯德伊莎公司培育的白壳蛋鸡配套系。父母代种鸡1~18周龄成活率97%，平均开产日龄154天，29周龄达产蛋高峰，高峰产蛋率92%。72周龄入舍母鸡平均产蛋283枚，平均产合格种蛋231枚，平均产母雏98只。19~72周龄成活率93.7%。商品鸡1~18周龄成活率98%。开产日龄147~154天，29周龄达产蛋高峰，高峰产蛋率93.5%；76周龄入舍母鸡平均产蛋317枚，总蛋重19.6千克，平均蛋重62克。19~76周龄料蛋比2.06∶1，成活率93%。

（5）海赛克斯白壳蛋鸡：是由荷兰汉德克家禽育种公司育成的四系配套杂交鸡。特点是白羽毛，白蛋壳，商品代雏鸡羽色自别雌雄。1984年北京市中日友好养鸡场饲养的两栋海赛克斯白鸡，72周龄入舍鸡产蛋总重分别达到16千克和16.13千克，创国内生产水平的最高纪录。该鸡种135~140日龄见蛋，160日龄产蛋率达50%，210~220日龄产蛋高峰就超过90%以上，总蛋重16~17千克。72周龄产蛋量274.1个，平均蛋重60.4克，每千克蛋耗料2.6千克。产蛋期存活率92.5%。

(6)海兰W-36白壳蛋鸡:该鸡是由美国海兰国际公司育成的配套杂交鸡。据公司的资料,海兰W-36白壳蛋鸡商品代鸡0~18周龄育成率97%,平均体重1.28千克。161日龄产蛋率达50%,高峰产蛋率91%~94%,32周龄平均蛋重56.7克,70周龄平均蛋重64.8克,80周龄入舍鸡产蛋量294~315个,饲养日产蛋量305~325个。产蛋期存活率90%~94%。

2. 褐壳蛋鸡

这是以洛岛红、新汉夏、芦花鸡等为育种素材培育而成的配套品系,因所产蛋壳是褐色,所以称为褐壳蛋鸡。常见的褐壳蛋鸡有:

(1)伊莎褐褐壳蛋鸡:由法国伊莎公司育成的四系配套杂交鸡,是优秀的高产褐壳蛋鸡之一。据伊莎公司的资料,商品代鸡0~20周龄育成率97%~98%,20周龄体重1.6千克。21周龄产蛋率达5%,23周龄产蛋率达50%,25周龄母鸡进入产蛋高峰期,高峰期产蛋率为93%,76周龄入舍鸡平均产蛋为292个,饲养日产蛋量302个,平均蛋重62.5克,总蛋重18.2千克,每千克蛋耗料2.4~2.5千克。产蛋期末母鸡体重2.25千克,存活率93%。近年来伊莎褐在我国四川等西部地区饲养数量剧增。

(2)海兰褐壳蛋鸡:是由美国海兰国际公司培育的四系配套优良蛋鸡品种,我国20世纪80年代开始引进,具有饲料报酬高、产蛋多和成活率高的优良特点。商品代生产性能:1~18周龄成活率96%~98%,体重1 550克,每只鸡耗料5.7~6.7千克。产蛋期(至80周)高峰产蛋率94%~96%,入舍母鸡产蛋数至60周龄为246枚,至74周龄为317枚,至80周龄为344枚,平均蛋重32周龄62.3克,70周龄66.9克,至80周龄成活率95%,19~80周龄鸡日平均耗料114克,21~74周龄每千克蛋耗料2.11千克,72周龄体重2.25千克。海兰褐壳蛋鸡适宜集约化养鸡场、规模鸡场、专业户和农户饲养。

（3）罗曼褐壳蛋鸡：是由德国罗曼公司培育的四系配套优良蛋鸡品种，1989年我国首次引入曾祖代种鸡。罗曼褐壳蛋鸡具有适应性强、耗料少、产蛋多和成活率高的优良特点。父母代生产性能：1~18周龄成活率97%，开产日龄21~23周，高峰产蛋率90%~92%，入舍母鸡72周产蛋数290~295枚。商品代生产性能：1~18周龄成活率98%，开产日龄21~23周，高峰产蛋率92%~94%，入舍母鸡12个月产蛋300~305枚，平均蛋重63克。料蛋比2∶1~2.2∶1，产蛋期成活率94.6%。罗曼褐壳蛋鸡适宜集约化养鸡场、规模鸡场、专业户和农户饲养。

（4）海赛克斯褐壳蛋鸡：是由荷兰尤利公司培育的优良蛋鸡品种，1985年我国首次引入祖代种鸡。海赛克斯褐壳蛋鸡具有耗料少、产蛋多和成活率高的优良特点。父母代生产性能：0~20周龄母鸡死淘率4%，母鸡20周龄体重1 690克，每只鸡耗料量7.9千克；产蛋期（21~68周）入舍母鸡产蛋数247枚，入舍母鸡产可孵蛋数215枚，入舍孵种蛋率87%，入孵种蛋的平均孵化率80.1%，每只鸡日平均耗料121克，产蛋期末母鸡体重2.19千克。商品代生产性能：0~17周龄成活率97%，体重1.41千克，每只鸡耗料量5.7千克；产蛋期（20~78周）日产蛋率达50%的日龄为145天，入舍母鸡产蛋数324枚，产蛋量20.4千克，平均蛋重63.2克，每千克蛋耗料2.24千克，产蛋期成活率94.2%，140日龄后中鸡日平均耗料116克，每枚蛋耗料141克，产蛋期末母鸡体重2.1千克。该鸡适宜集约化养殖场、规模鸡场、专业户和农户饲养。

（5）迪卡褐壳蛋鸡：是由美国迪卡布公司育成的四系配套杂交鸡。父本两系均为褐羽，母本两系均为白羽。商品代雏鸡可用羽色自别雌雄：公雏白羽，母雏褐羽。中外合资的上海大江有限公司是我国迪卡褐祖代鸡最主要的供种基地。父母代鸡场遍布全国各地。商品代蛋鸡：20周龄体重1.65千克，0~20周龄育成率97%~98%，24~25周龄产蛋率达50%，高峰产蛋率达90%~95%，90%以上的产蛋率可维持12周，78周龄产蛋量为285~310个，蛋重63.5~64.5克，总蛋重18~19.9千克。每千克蛋耗料2.58千克。产蛋期存活率90%~95%。据欧洲家禽测定站的平均资料：72周龄产蛋量273个，平均蛋重62.9克，总蛋重17.2千克，每千克蛋耗料2.56千克，产蛋期死亡率5.9%。

3. 粉壳蛋鸡

这是利用轻型白来航鸡与中型褐壳蛋鸡（洛岛红鸡）杂交而产生的鸡种。从蛋壳颜色上看，介于褐壳蛋与白壳蛋之间，呈浅褐色。严格地讲它属于褐壳蛋鸡，其羽色上以白色为背景而夹有黄、黑、灰等杂色羽斑，与褐壳蛋鸡又有所不同，因此，我国都称它为粉壳蛋鸡。常见粉壳蛋鸡的代表品种有海蓝灰粉壳蛋鸡、星杂444粉壳蛋鸡、农大2号、B-4鸡、京白939、罗曼白羽粉壳蛋鸡、圣迪乐粉壳蛋鸡、罗莎粉985蛋鸡（商品代）等。

4. 绿壳蛋鸡

目前国内市场上可以见到少量的"绿壳蛋"，这些绿壳蛋鸡种都是常染色体上有绿壳显性基因"O"的鸡种（我国有四川旧院鸡、湖北江汉鸡、江西东乡鸡、河南卢氏鸡等多种，国外则仅南美秘鲁的土鸡有）与非绿壳蛋鸡种鸡进行杂交产生的。这类鸡的特点是产绿壳蛋。目前主要代表品种有绿壳鸡"旧院黑鸡"、绿壳蛋鸡新品种、江西博源绿壳蛋鸡、绿壳蛋鸡（河北省兴隆县）、五黑绿壳蛋鸡。

第三章 蛋鸡的常用饲料及配方实例

一、蛋鸡的常用饲料

根据饲料所含营养物质的特点，蛋鸡的常用饲料包括能量饲料、蛋白质饲料、矿物质饲料、维生素饲料和饲料添加剂等。现分别介绍如下。

（一）能量饲料

能量饲料是指在干物质中粗纤维含量低于18%，粗蛋白质低于20%的谷物类、糠麸类、糟渣类和多汁类等饲料。能量饲料是供给蛋鸡能量的主要来源，而且在日粮中所占比例最大，为50%~80%，常用的有谷物类饲料、糠麸类饲料、糟渣类饲料和多汁类饲料等。这类饲料缺乏赖氨酸和蛋氨酸，含钙少、磷多。

1. 谷物类

（1）玉米：玉米是养鸡业用量最多的一种饲料。能量高，纤维少，适口性好，而且产量高，价格便宜，是蛋鸡的优质饲料。黄玉米的胡萝卜素和叶黄素的含量均比白玉米高，有利于鸡的生长、产蛋，蛋黄及鸡的皮肤颜色也鲜黄。玉米的蛋白质含量稍低，赖氨酸、蛋氨酸、钙、磷和B族维生素含量也较少，因此在配合日粮时注意补充这些营养物质。用量可占饲粮的35%~70%。

（2）小麦：小麦是重要的蛋鸡饲料。小麦含能量较低，蛋白质多，氨基酸比其他谷类完善，B族维生素也较丰富。与玉米配合使用效果更好。加工时不宜粉碎得过细，以防用机械饲喂时结块。用量可占饲粮的10%~30%。

（3）大麦：大麦蛋白质含量高于玉米，品质也好，赖氨酸、色氨酸和异亮氨酸含量均高于玉米；粗纤维较玉米高，能量不如玉米；富含B族维生素，缺乏胡萝卜素和维生素D、维生素K、维生素B_{12}。用量不宜超过饲粮的20%。

（4）燕麦：燕麦总的营养价值低于玉米，但蛋白质含量较高，约为11%，粗纤维含量较高，为10%~13%，能量较低，富含B族维生素，但脂溶性维生素和矿物质较少，钙少磷多。用量不宜超过饲粮的20%。

（5）小米：小米蛋白质和能量都很丰富，便于雏鸡啄食，是我国各养鸡户在育雏时常用的饲料。使用时可以整粒饲喂，不必粉碎，否则容易黏结。用量可占饲料的20%~40%。

（6）高粱：高粱含淀粉较丰富，能量与玉米相近，但高粱中含有鞣酸（曾叫做单宁），适口性较差。可与其他饲料搭配使用。用量不宜过多。一般用量可占饲粮的25%。

2. 糠麸类

糠麸主要包括麦麸和米糠。这类饲料价格低廉，含有较高的粗蛋白质、锰和B族维生素，但能量较低，粗纤维含量较高，体积也大，鸡不宜多吃。通常雏鸡日粮用量不宜超过8%，育成鸡不宜超过20%，产蛋鸡不宜超过10%。

米糠榨油后所得糠饼，虽然总营养量不会增多，但含蛋白质比例反而提高，所以，提高了饲用价值。饲喂糠饼时，搭配40%~50%的玉米效果较好。

其他糠类，如粟糠、高粱糠及玉米糠等，这些糠类粗纤维含量较高，质量较差，喂鸡时喂量比小麦麸要小些。高粱糠容易发酵，更应注意质量。

3. 糟渣类

糟渣包括酒糟、糖渣、甜菜渣等副产品，都可作为鸡的饲料。酒糟和甜菜渣因纤维含量高，不可多用。糖渣含能量丰富，并含大约7%的可消化蛋白质，成年鸡每天每只喂15克左右，喂时用水稀释，但应注意品质新鲜，雏鸡可少喂。

（二）蛋白质饲料

蛋白质饲料主要包括植物性蛋白质饲料（如豆科籽实及其加工后的副产品、糟渣类、饼粕类等）和动物性蛋白质饲料（如鱼粉、血粉等）。

1. 植物性蛋白质饲料

（1）大豆饼粕：大豆饼粕是榨油工业的副产品，是饲喂蛋鸡的良好蛋白质饲料。粗蛋白质含量为38%~47%，而且品质较好，赖氨酸含量高，但蛋氨酸不足。在以大豆饼粕为主要蛋白质来源的日粮中，补加少量的蛋氨酸，可以代替部分动物性饲料。但生大豆、生饼粕中含有抗营养因子（如胰蛋白酶抑制因子、凝集素、皂角素、脲酶等），这些抗营养因子可影响蛋鸡对营养物质的吸收利用，因此生大豆及加热不足的豆粕不能直接饲喂蛋鸡。一般经110℃3分钟湿热处理后，抗营养因子的活性都可消失。用量可占饲料的10%~25%。

（2）胡麻饼粕：胡麻饼粕蛋白质含量为32%~36%，蛋白质质量不如豆粕和棉粕，赖氨酸、蛋氨酸含量低。胡麻饼粕中的抗营养因子包括生氰糖苷、麻籽胶、抗维生素B_6。其中生氰糖苷在胡麻酶作用下，生成氢氰酸，具有毒害作用。在饲喂时，通过高温脱毒，才能安全使用。因此，在蛋鸡饲料中不宜添加过多，用量育成鸡和产蛋鸡以不超过饲料的3%~5%为宜。

（3）棉籽饼粕：棉籽饼粕由于棉籽脱壳程度及制油方法不同，其营养价值差别很大。完全脱壳的棉仁制成的棉仁饼粕，含粗蛋白质可达40%~44%；而不脱壳的棉籽直接榨油生产出的棉仁饼粕，含粗蛋白质仅为20%~30%，粗纤维含量达16%~20%；带有一部分棉籽壳的棉仁(籽)饼粕蛋白质含量为34%~36%。棉籽饼粕蛋白质的品质不太理想,赖氨酸较低,蛋氨酸也不足。另外,棉籽饼粕中含有对蛋鸡有害的游离棉酚,大量饲喂可导致蛋鸡中毒。一般用量雏鸡不超过饲粮的3%~5%,生长鸡不超过5%~8%,产蛋鸡不超过3%~5%。

(4)菜籽饼粕:菜籽饼粕能量低,适口性较差,粗蛋白质含量为34%~38%,矿物质中钙和磷的含量都高,特别是硒含量为1.0毫克/千克。菜籽饼粕中含有硫葡萄糖苷、芥酸等毒素。用量雏鸡、产蛋鸡不超过饲料的5%,生长鸡不超过5%~8%。

(5)花生饼粕:花生饼粕饲用价值随含壳量的多少而有不同,脱壳后制油的花生饼粕营养价值较高,仅次于豆粕,其能量和粗蛋白质含量都较高,粗蛋白质含量可达44%~48%,但氨基酸组成不好,赖氨酸含量只有大豆饼粕的一半,蛋氨酸含量也较低。带壳的花生饼粕粗纤维含量为20%~25%,粗蛋白质及能量相对较低。用量育成鸡、产蛋鸡不超过饲料的6%~9%。

(6)玉米蛋白粉:玉米蛋白粉是玉米除去淀粉、胚芽及玉米外皮后的剩余部分,蛋白质的含量为25%~60%,蛋氨酸含量高,而赖氨酸、色氨酸含量低。此外,还含有很高的叶黄素和玉米黄素,是很好的着色剂,可改善蛋黄及鸡的皮肤颜色。经实验研究证明,蛋白含量达60%左右的玉米蛋白粉替代20%、40%豆粕时,可提高产蛋率,增加蛋重,降低采食量、饲料成本和破软蛋率,增强抗病力,还能使鸡皮肤呈黄色,蛋黄呈金黄色。

2.动物性蛋白质饲料

动物性蛋白质饲料的特点是蛋白质含量高,氨基酸组成好。含钙、磷高,而且钙与磷比例平衡,可利用能量也高。

(1)鱼粉:鱼粉蛋白质含量高,进口鱼粉一般蛋白质含量在

60%以上，国产鱼粉蛋白质含量45%以上。鱼粉中氨基酸的组成完善，特别是蛋氨酸、赖氨酸含量丰富。维生素B族和钙、磷含量高，因此，鱼粉是雏鸡和产蛋鸡的优质蛋白质来源。雏鸡和产蛋鸡用量占饲粮的3%~5%。但值得注意的是，在购买和使用鱼粉时，一定要注意某些劣质鱼粉含盐量高（可达20%~30%），使用这些劣质鱼粉可能会引起鸡群拉稀、产蛋量下降，甚至发生食盐中毒。

（2）肉骨粉：肉骨粉是用屠宰场家畜的下脚料，经高温、高压蒸煮，干燥、粉碎加工而成。蛋白质含量为40%~55%，赖氨酸含量较高，蛋氨酸、色氨酸含量低，钙、磷、锰含量也高，是蛋鸡良好的动物性饲粮。用量产蛋鸡一般不超过饲粮的6%，雏鸡和育成鸡不宜使用。

（3）血粉：血粉蛋白质含量可达80%左右，其蛋白质的氨基酸组成不平衡。由于血粉的蛋白质质量差，而消化率较低，所以约有1/3不能被利用。同时血粉味苦，适口性差，在产蛋鸡日粮中用量不能超过饲粮的2%~4%。

（4）羽毛粉：羽毛粉是将禽类屠宰后的废羽毛收集起来，通过高压锅内的蒸汽将羽毛加压蒸煮，然后干燥粉碎而成。蛋白质含量可达80%~86%。经加热水解后的羽毛粉可以喂鸡，但消化率较低。羽毛粉中蛋氨酸、赖氨酸和色氨酸含量低。在产蛋鸡日粮中用量不能超过饲粮的2%~5%。

（5）蚕蛹：蚕蛹是养蚕业的副产品，其蛋白质含量可达65.6%以上。在雏鸡日粮中加入5%的蚕蛹，可以代替等量的鱼粉，并能提高雏鸡的成活率和促进发育。

（6）蚯蚓：蚯蚓又叫地龙，是养鸡良好的动物性饲料。鲜蚯蚓的蛋白质含量为41.62%，干蚯蚓粉蛋白质含量高达72%，可与鱼粉相比。由于它的营养价值高，目前有好多养鸡场将人工培养的蚯蚓作为鸡的动物性蛋白质饲料。

（7）蛆：蛆是苍蝇卵的幼虫，含有丰富的蛋白质，蛆粉蛋白质含量在55%左右，也是养鸡的好饲料。养蝇育蛆繁殖快，与培养蚯蚓一样，不需要特殊的设备和条件，所以，目前国内外的大型养鸡场都设有育蛆车间，研究人工育蛆的问题。

（三）矿物质饲料

矿物质饲料所含营养比较专一。根据鸡的生理需要，虽然对矿物质元素种类需要很多，但在正常饲养条件下，需要大量补充的种类并不多，常量元素中主要是钙、磷、钠和氯，微量元素中主要是铁、铜、锌、锰、碘、硒和钴。

1. 常量元素

（1）石粉：石粉又叫碳酸钙，主要来源于石灰石。其主要成分是碳酸钙，含钙量在38%以上。优点是成本低廉，货源充足；缺点是作载体使用，其承载性能较低，不如沸石、麦饭石。产蛋鸡的用量占饲粮的7%左右。

（2）贝壳粉：贝壳粉是牡蛎等贝壳经粉碎后的产品。其主要成分是碳酸钙，含钙量为24%~38%，是良好的钙质来源，并容易被鸡吸收。一般雏鸡用量占饲粮的1%，产蛋鸡占5%~7%。

（3）蛋壳粉：蛋壳粉由蛋品加工厂、大型孵化场收集的蛋壳经灭菌、干燥、粉碎而成。含钙量28%~37%，含磷量0.09%，含蛋白质4%~7%。用户使用时，必须测定其含钙量和粗蛋白的含量。

（4）骨粉：骨粉是优质的矿物质饲料，含磷较高。因制作方法不同，其品质差异很大，如蒸骨粉钙含量20%~30%，磷约12%，粗蛋白质7%，粗脂肪1.2%~3%；脱脂脱胶骨粉含钙24%，含磷高达12%~15%，含蛋白质10%。一般以蒸制的骨粉质量较好，骨粉易被病原菌污染，制作过程中要求灭菌。用量一般占饲粮的

1.15%~2.5%。

（5）磷酸氢钙：磷酸氢钙是白色或灰白色粉末，钙的含量不低于21%，磷含量不低于16%，含氟量小于0.18%。磷酸氢钙中的磷、钙利用率高，是优质的磷、钙补充饲料。用量占饲粮的1.2%~2%。

（6）沙砾：用沙砾喂鸡有助于增强鸡胃的研磨力，并可以提高饲料的利用率。但沙砾的粒度、用量处理不当，会影响鸡对饲料的消化吸收。一般应注意以下几点：

①沙砾的质地。选择质地较硬的不溶性沙砾喂鸡。

②沙砾的粒度。2周龄以内的雏鸡，所喂沙砾的粒度以小米粒大小为宜；随着鸡日龄的增加，沙砾以高粱粒大小为宜，喂量也应随之增加；给青年鸡和产蛋鸡饲喂的沙砾应以豆粒大小为宜。

③沙砾的喂量。一般笼养的青年母鸡每周每100只的喂量以200~250克为宜，散养的蛋鸡每周每100只的喂量以420~460克为宜。

④喂食方法。笼养鸡可在笼内设置沙砾槽或将沙砾拌入饲料中饲喂；散养鸡最好将沙砾撒在运动场内，让鸡自由采食。

（7）食盐：盐是钠和氯的来源。有提高饲料适口性，增强食欲的作用。雏鸡和育成鸡用量占饲粮的0.25%~0.3%，产蛋鸡占饲粮的0.3%~0.4%。喂咸鱼粉时可不另加食盐，并应弄清楚含盐量，以免盐量过多，而致饮水增加，粪便过稀，严重时会造成中毒。食盐以碘化盐最好，可不另加碘。

2. 微量元素

微量元素是一类极其重要的营养性元素。在饲料中常用的微量元素制剂有硫酸亚铁、硫酸铜、硫酸锰、硫酸锌、碘化钾、亚硝酸钠、氯化钴等。

（1）铁制剂：硫酸亚铁优点是生物利用率高，成本低。缺点是容易吸潮、结块,影响加工性能和流动性,而且对维生素有破坏作用,所以,在使用前必须进行脱水处理。目前我国已研制出了包被硫酸亚铁制剂,其有效性、稳定性好,但价格较高。用量:0~6周龄雏鸡,每千克饲料80毫克;7~20周龄育成鸡,每千克饲料60毫克;产蛋鸡每千克饲料50毫克。此外,还有柠檬酸铁铵、甘氨酸亚铁、葡萄酸亚铁等,均为有机铁,生物学价值高,使用安全,但价格高。

(2)铜制剂:硫酸铜生物效价最好,成本低,应用最广泛。在使用加工前进行脱水处理后,可用于液体饲料或代乳料中,并且在饲料中还有杀真菌和驱虫作用。用量:0~6周龄雏鸡,每千克饲料8毫克;7~20周龄育成鸡,每千克饲料6毫克;产蛋鸡每千克饲料6毫克。此外,还有甘氨酸铜和蛋氨酸铜等,利用率高,对各种畜禽的效果都很好,但价格昂贵。

(3)锰制剂:在饲料中最常用的是硫酸锰,其次是氧化锰和碳酸锰。其中氧化锰的有效成分含量高,化学性质稳定,相对价格较低。用量:0~6周龄雏鸡,每千克饲料60毫克;7~20周龄育成鸡,每千克饲料30毫克;产蛋鸡每千克饲料30毫克。

(4)锌制剂:硫酸锌在饲料中使用最普遍,其次是氧化锌和碳酸锌。其中氧化锌成本低,稳定性好,存在时间长,对其他营养物质无影响,而且加工性能好,近年来用量逐渐在增多,但由于容易吸附二氧化碳,易潮解,所以,在保存和使用时应避免与二氧化碳接触。用量:0~6周龄雏鸡,每千克饲料45毫克;7~20周龄育成鸡,每千克饲料35毫克;产蛋鸡每千克饲料50毫克。

(5)钾制剂:碘化钾和碘酸钙的食物利用率很高,其中碘酸钙在饲料中因稳定性和适口性较好,容易被吸收,目前在饲料生产中广泛应用,特别是用于生产高碘蛋。碘化钾在饲料中应用少,主要生产预混料,但在一定温度条件下能与硫酸铜、硫酸锌和硫酸亚铁等反应释放出游离碘,所以预混料不宜存放过久或在阳光下暴晒。用量:0～6周龄雏鸡,每千克饲料0.35毫克;7～20周龄育成鸡,每千克饲料0.35毫克;产蛋鸡每千克饲料0.3毫克。

(6)硒制剂:亚硒酸钠和硒酸钠的生物效价相似,都是优质的补硒原料。但硒酸钠毒性大,所以在应用时一般先配成1%的预混料,并混合均匀,以确保安全。用量:0～6周龄雏鸡,每千克饲料0.15毫克;7～20周龄育成鸡,每千克饲料0.1毫克;产蛋鸡每千克饲料0.1毫克。

(7)钴制剂:氯化钴和碳酸钴的生物效率相同,而氯化钴在饲料生产中应用最广泛,但容易吸潮、结块,不易加工。所以在饲料生产中,先必须配成1%预混料,然后再使用。

(四)维生素饲料

维生素是鸡生长和代谢所必需的微量有机物。分为脂溶性维生素(包括维生素A、维生素D、维生素E、维生素K等)和水溶性维生素(包括B族维生素和维生素C等)两类。蛋鸡缺乏维生素时不能正常生长,并发生特异性病变,即所谓维生素缺乏症。

(1)维生素A:维生素A主要功能是维持鸡体各器官上皮组织的完整,维护蛋鸡消化道及呼吸道黏膜的健康,以及维持正常的视觉。饲料缺乏维生素A时,不仅鸡胚和幼雏的生长发育不良,而且引起眼球的变化而导致视觉障碍,容易发生呼吸道、消化道的炎症,甚至引起死亡。因此,为防止幼雏的先天性维生素A缺乏症,在产蛋母鸡的饲料中必须添加充足的维生素A。同时应注意对饲料的保管,防止发生酸败、发酵、产热和氧化,以免维生素A被破坏。

(2)维生素D:维生素D主要功能为调节鸡体钙、磷代谢,促进钙、磷的消化吸收和钙、磷在骨骼中的沉积。当缺乏时,鸡体就不能从饲料中吸收和利用钙和磷,易造成鸡的骨质钙化不全,引发幼鸡发生佝偻病。因此,在高产母鸡和生长幼鸡的日粮中,应补充一些富含维生素D的饲料(如维生素D_3粉)。

(3)维生素E:维生素E又称生育酚。其主要作用是保护维生素A及不饱和脂肪酸不受氧化,保持心肌健康,促进鸡体新陈代谢和调节生殖机能。缺乏时会使鸡发生脑膜软化水肿,肌肉萎缩,心肌变性,心包积水,繁殖力下降,公鸡睾丸发育不良等症。

(4)维生素B_1:维生素B_1又称硫胺素。主要参与鸡的生理代谢过程。缺乏时容易引起脑、血液和肌肉的代谢失调,出现行动不便、肌肉变性和神经症状等。

(5)维生素B_2:维生素B_2又称核黄素。主要参与鸡体能量、蛋白质和脂肪的代谢活动。缺乏时会引起鸡体代谢紊乱,鸡会出现生长缓慢、骨骼损害和繁殖力下降。

(6)泛酸:泛酸又称维生素B_3。主要参与鸡体各种营养代谢过程,特别是对鸡神经机能的调节有着重要作用。缺乏时容易引起幼鸡生长发育受阻,肢体行动不正常,严重时引起皮炎。

(7)维生素B_{12}:维生素B_{12}又称氰钴胺素,是维持鸡体正常生长和健康的必需营养物质,对血液的生成和代谢有促进作用。能增强烟酸和氨基酸合成酶的活性,有利于蛋白质的代谢。缺乏时容易引起孵化率下降,一般孵化到后期鸡胚死亡。当幼鸡同时缺乏胆碱、蛋氨酸时,可引起鸡的滑腱症。

(8)维生素C:维生素C又称抗坏血酸。可增强鸡体的抵抗力,对预防和治疗疾病、增进免疫效果、抵抗应激因素和提高母鸡产蛋量,都有明显的作用。

(9)胆碱:胆碱又称维生素B_4。主要参与卵磷脂和神经磷脂的形成。在饲料生产中主要添加氯化胆碱。鸡对氯化胆碱的需要量较大,一般占饲料的0.1%~0.2%。

（五）饲料添加剂

饲料添加剂是指为满足蛋鸡体的特殊需要，而加入饲料中的少量或微量物质。通常在全价饲料中所占比例很小，但所起作用很大，如能抑制蛋鸡消化道内的有害微生物的繁殖；促进雏鸡生长和蛋鸡的营养物质吸收；降低鸡的兴奋性，减少饲料消耗；改变蛋壳、蛋黄的色泽，提高鸡蛋等级；抗病、保健、驱虫；防止饲料发霉、变质、氧化，增加香味，改变颜色等。

1. 药物添加剂

药物添加剂是指为防治蛋鸡疾病，改善蛋鸡产品品质，提高蛋鸡产量而在饲料中添加的一种或多种药物预混剂。

抗生素：是微生物如细菌、真菌、放线菌等的发酵产物，具有影响细菌菌体的代谢过程，改变细菌细胞的菌体形态，抑制细菌生长繁殖或杀灭的作用。目前在养鸡业生产中常用的有：

①抗球虫药：如盐酸氯苯胍，雏鸡自出壳后连续拌料饲喂56天，每吨饲料拌入预防量36克，治疗量66克，产蛋鸡禁用；马杜拉霉素铵，雏鸡自出壳后连续拌料饲喂45天，每千克饲料拌入30~33毫克，产蛋鸡禁用；球痢灵，雏鸡自出壳后连续拌料饲喂45天，每吨饲料拌入125克，产蛋鸡禁用。

②驱虫药：目前我国批准使用的驱虫药仅有三种。一种是越霉素A，对鸡蛔虫、鸡盲肠虫和鸡毛线虫都有效。且连续使用不产生抗药性，无副作用，体内不残留，属于安全性较高的抗生素。饲料中添加量4个月龄以内的鸡，每吨饲粮拌入5~10克，产蛋鸡禁用。第二种是潮霉素B，又称高效素。对鸡体内寄生虫都有杀除效果，也是一种较安全的专用抗生素。饲料中添加量4个月龄以内的鸡，每吨饲粮拌入10~13克，产蛋鸡禁用。第三种是伊维菌素，对鸡蛔虫、封闭毛细线虫、鸡虱子和膝螨（突变膝螨）等都有杀除作用。每千克饲料拌入

4.5~5.5毫克,内服或皮下注射均有高效。本品对鸡异刺线虫无效。

2. 氨基酸添加剂

氨基酸添加剂的主要作用是:促进雏鸡生长,改善氨基酸平衡,提高饲料利用率;节约蛋白资源;改善肉的品质,促进钙的吸收;减轻应激反应,防止蛋鸡腹泻,提高抗病能力。目前,在蛋鸡饲粮中应用的氨基酸添加剂,主要是蛋氨酸和赖氨酸。

(1)蛋氨酸:在鸡的饲粮中添加蛋氨酸,只是用于补充其不足的量。由于植物性蛋白质中含蛋氨酸少,给鸡饲喂植物性蛋白质组成的饲粮时,添加蛋氨酸是有效的。添加量为每吨配合饲料0.3~1千克。

(2)赖氨酸:当雏鸡和成鸡的饲料中赖氨酸含量不能满足其需要时,补充赖氨酸是有良好效果的。但过量会降低精氨酸的利用,甚至造成精氨酸的缺乏,所以在鸡的饲粮中一般不随意添加赖氨酸。补充时,必须要考虑饲料中有效赖氨酸的实际含量。谷物饲料赖氨酸含量一般都低,有些原料,如棉籽饼、花生饼、葵花饼等也缺乏赖氨酸。因此,可根据基础饲粮的实际情况酌情添加。

3. 酶制剂

各种酶制剂具有提高饲料的消化率,改善鸡的生产性能,减少粪便中氮、磷、硫等造成的环境污染,扩大饲料资源,消除饲料中的抗营养因子毒素等作用。市场出售的有蛋白酶、淀粉酶、纤维素分解酶和植酸酶等。其中淀粉酶可提高饲料价值,改善饲料的利用效率,促进雏鸡生长。纤维素酶可分解纤维素,提高饲料的能量值,对提高蛋鸡的采食量、产蛋性能及降低死亡率作用也很明显。

4. 益生素

益生素是一种直接饲喂蛋鸡的微生物制剂。目前我国常用的有芽孢杆菌、乳酸杆菌、粪链球菌、酵母菌、双歧杆菌等。这些活菌有的可促进鸡消化道内微生物的平衡；有的可产生广谱抗菌素；有的可调整肠道酸碱度；有的可产生消化酶、B族维生素，减少肠道感染，降低腹泻的发生，从而促进雏鸡生长和提高产蛋鸡的饲料转化率。

5. 抗氧化剂

抗氧化剂是天然的或化学合成的饲料品质调节剂，具有缓和或降低混合饲料中的脂肪、维生素和色素的氧化分解，增加饲料的稳定性，保护饲料品质的作用。饲料中常用的抗氧化剂有：乙氧基喹啉（乙氧喹）、丁羟甲氧苯（丁基羟基茴香醚）、特丁基对苯二酚、生育酚、抗坏血酸等。其中特丁基对苯二酚是一种新型高效抗氧化剂，它的效果和安全性是同类饲料抗氧化剂中较好的，在饲料行业中具有广泛的应用前景。

6. 防霉剂

防霉剂是能够破坏霉菌的细胞壁和细胞膜或能够抑制细胞内酶的一种化学制剂。常用的防霉剂有：

（1）丙酸：是饲料中应用最为广泛的防霉剂，主要用作贮存水分含量较高的谷物，如玉米、大麦、小麦、高粱等。处理时用专门设备以气雾形式将丙酸喷雾在谷物上，或混入饲料中，搅拌均匀。使用剂量应根据谷物含水分大小而定。一般湿度大和温度高时，每吨饲料可用0.3～0.8千克。

（2）苯甲酸钠：不蓄积、毒性低，是安全的防霉剂。主要作用是能抑制微生物细胞内代谢和阻碍细胞膜的通透性。美国食品及药物管理局规定，在鸡的日粮中添加的比例为0.1%。另外，近年来研究较多的防霉剂是双乙酸钠，具有成本低、稳定性好、使用方便、防霉防腐作用显著等优点。

7. 调味剂

调味剂又称风味剂,其作用是改善饲料的风味,增加适口性,增进鸡的采食量。用于鸡的调味剂主要是香料,一般多用于产蛋鸡。

8. 着色剂

着色剂不仅能使饲料上色,而且也能提高产品的品质,还有利于促进蛋鸡采食。如叶黄素(由微生物生产的叶黄素为黄色或橙色),给产蛋鸡添加,可以增加蛋黄及鸡的皮肤、喙和胫等部位的色泽,应用剂量产蛋鸡每千克饲粮加10~15毫克。胡萝卜素为橙黄色着色剂,是应用最广泛人工合成的着色剂之一。产蛋鸡饲粮添加时,可使蛋黄及鸡的皮肤、喙和胫等部着色,且利用率高,色素沉着好,是着色最好的着色剂。

二、蛋鸡的营养需要

根据蛋鸡的不同生长生理特点及对营养物质的不同需要量,我国将蛋鸡的整个生长时间划分为3个阶段,即雏鸡阶段(0~6周龄)、育成阶段(7~20周龄)、产蛋阶段(21~72周龄),并制定出不同的营养标准。其代谢能(兆焦/千克)分别为11.92,11.72,11.30;相应的粗蛋白质水平分别为18%,16%和12%;其他营养指标也各不相同。这种按阶段确定营养水平的方式不仅有利于鸡的正常生长发育,而且可获得最高的饲料报酬。

(一)蛋雏鸡的营养需要

0~6周龄为雏鸡阶段。雏鸡在出壳前主要靠吸收卵黄来提供营养,出壳后开始靠采食饲料来满足营养需要。但由于雏鸡消化系统、肠道微生态系统还没有发育完好,采食量和消化能力都有限,免疫系统也没有发育成熟,很容易患病。因此,雏鸡料的代谢能应以11.92兆焦/千克,粗蛋白质以18%或19%~20%为宜,其他营养成分也应完全、充足、平衡,而且要求适口性好,容易消化。

(二)育成蛋鸡的营养需要

雏鸡从6周龄以后开始进入育成阶段。特点是,对外界环境有较强的适应能力,生长速度仍较快,代谢也旺盛,各器官的发育已完善。所以在饲养过程中,应通过营养和管理的适当控制,使绝大部分鸡达到标准体重,并采取适当的限制措施,防止脂肪蓄积和过肥,逐渐进入性成熟,适时开产。此阶段的饲料营养需要如下:

1. 代谢能

一般要求在8.79~11.92兆焦/千克范围内,可通过调节采食量维持相对稳定的代谢能进食量。但代谢能超过11.92兆焦/千克后,代谢能进食量会增加5%~10%或更高。注意自由采食高能量的日粮会对鸡产生不良影响。

2. 粗蛋白质水平

7~14周龄和20周龄的鸡,饲粮蛋白质水平分别为16%和12%,不需要过高,只要氨基酸平衡,粗蛋白质水平可以降至10%,而无不良影响。如果在育成期增加蛋白质水平只能使鸡提前开产和体重增加,这样既不能降低培育阶段的饲料耗费量,也不能对以后的产蛋率、产蛋期母鸡死亡率产生有益的影响。

3. 钙的水平

育雏期要求钙的水平在0.8%,育成期在0.7%或0.6%,不宜过分提高。由于在16周龄以前饲喂含钙2.5%以上的高钙日粮会抑制鸡的食欲、降低体重和饲料报酬、推迟性成熟、提高死亡率,并一直影响到产蛋期。因此,在18周龄到产蛋率达5%以前的开产阶段,钙的水平可以提高到2%,但不要再高,产蛋率超过5%以后再提高至相应的水平。

（三）产蛋鸡的营养需要

1. 能量的需要

根据蛋鸡的饲养标准规定日粮代谢能为11.51兆焦/千克,在产蛋高峰期可将代谢能提高到11.92兆焦/千克,或在产蛋后期降低为11.08兆焦/千克。产蛋鸡在这一范围内,可通过调节饲料采食量,获得相对稳定的代谢能进食量。

2. 蛋白质的需要

蛋白质的营养实质是氨基酸的营养。鸡的日粮中第一限制氨基酸是蛋氨酸,第二是赖氨酸,胱氨酸不足要增加蛋氨酸的需要量。因为在鸡体内只有蛋氨酸能转化为胱氨酸,所以要一起加以考虑。其他氨基酸由于玉米、豆粕、鱼粉等配合日粮中不缺,可以不考虑。根据产蛋阶段不同,一般产蛋高峰期蛋白质的含量为16%,产蛋后期为12%～14%。

3. 钙的需要

产蛋鸡需要的钙,比育雏、育成期生长鸡要高4～5倍,因为它除了维持本身的需要以外,还要形成蛋壳。蛋壳的主要成分是碳酸钙,含钙量达39%以上。我国目前将含11.52兆焦/千克代谢能的日粮需要的钙水平定为3.3%,以后根据实际产蛋量调整日粮钙的浓度。

4. 磷的需要

产蛋鸡对磷的需要量与生长鸡基本相似。有效磷(饲料总磷中可以被动物利用的部分称为"有效磷"),不论生长鸡、后备鸡,还是产蛋鸡和种鸡都是0.5%的水平。"总磷"(饲料中以无机态和有机态存在的磷的总和)雏鸡要求高些,为0.7%,后备鸡0.5%,产蛋鸡0.6%。总磷的30%必须来自无机磷,以保证有效磷的供给。

5. 维生素的需要

产蛋鸡对脂溶性维生素的需要量,比生长鸡多1.5～2倍;而种用母鸡B族维生素、维生素E都比产蛋鸡高50%，泛酸的需要量为产蛋鸡的5倍；其他都与生长鸡的需要量差不多。

（四）蛋鸡的饲养标准

饲养标准是根据大量饲养实验结果和生产实践经验总结而形成的，为人们合理设计饲料组成提供了技术依据。蛋鸡的饲养标准中，主要规定了能量（代谢能等）、蛋白质（粗蛋白质等）、蛋白能量比、粗脂肪、粗纤维、钙、磷（有效磷、总磷），各种氨基酸，各种微量矿物质元素和维生素等的浓度，见表3-1。

表3-1　蛋鸡主要营养饲养标准

项目	生长期蛋用鸡（周龄）			产蛋期母鸡产蛋率（%）		
	0~6	7~14	15~20	产蛋大于80	65~80	小于65
代谢能（兆焦/千克）	11.92	11.72	11.30	11.50	11.50	11.50
粗蛋白质（%）	18	16	12	16.5	15.0	14.0
蛋白能量（兆焦/克）	63	57	44	60	54	51
钙（%）	0.80	0.70	0.60	3.50	3.40	3.20
总磷（%）	0.70	0.60	0.50	0.60	0.60	0.60
有效磷（%）	0.40	0.35	0.30	0.33	0.32	0.30
食盐（%）	0.37	0.37	0.37	0.37	0.37	0.37
蛋氨酸（%）	0.30	0.27	0.20	0.36	0.33	0.31
赖氨酸（%）	0.85	0.64	0.45	0.73	0.66	0.62
蛋氨酸+胱氨酸（%）	0.60	0.53	0.40	0.63	0.57	0.53

注：①其他氨基酸、维生素、微量元素的标准从略。②中华人民共和国农牧渔业部1986年6月13日颁发。

三、混合饲料的加工调制

混合饲料的加工调制方法有配料、混料、制粒与碎料。

（一）配料

按照饲料配方的要求，对不同种类饲料的原料进行准确称量的过程就是配料。配料工序是饲料生产过程的关键性环节。配料的主要设备是配料称，要求称的性能、灵敏度、稳定性等要好，具有很高的抗干扰性能。

（二）混料

在生产全价混合饲料中，将已配好的各种饲料原料混合均匀，即称为混料。这是一道关键程序，也是确保配合饲料质量的主要环节。生产实践证明，混合饲料中的各种原料组分如果混合不均匀，将显著影响鸡的生长发育，轻者降低饲养效果，重者造成死亡。对于农户养鸡，都是采取人工拌料，更应该注意这一点。混合方法如下：

1. 预先混合

无论是机器混合还是人工混合，对鸡所需要的各种小料，如维生素、微量元素、抗生素、氨基酸等，应先用少量玉米面与小料混合（稀释），然后再逐渐增大混合量。这样无论采用哪种方法混合，在不影响微量原料均匀分布的前提下，可减少配合料在机器中混合时间和保证人工混合的均匀度。

2. 最后混合

将预先混合好的稀释料和按要求配比的其他原料，全部送进搅拌机，按规定时间搅拌后，制成鸡所需要的全价配合饲料。

如果没有机器而采取人工拌料时，按原料配比要求，应先撒一层粉碎玉米，再撒一层饼（粕）类饲料，再撒一层麸皮，最后撒预先混合好的稀释料。然后用铁锹逐段翻混，如此反复4~5遍，就制成鸡所需要的全价混合料。

（三）制粒与碎料

制粒是由配合粉料经压制而成为颗粒状饲料的过程。颗粒饲料有很多优点，经济效益显著，目前，在集约化养鸡生产中得到了普遍应用。

1. 颗粒饲料

颗粒饲料是将已配合好的粉料用颗粒机制成直径为2.5~5毫米的颗粒。这种颗粒饲料营养完善,适口性强,鸡无法挑选,避免偏食,防止浪费,便于机械化喂料,节省劳力。

采食的速度快,食量大,更适于肉用仔鸡快速育肥。产蛋鸡一般不宜喂颗粒饲料,因为容易出现过食、过肥而影响产蛋。但在夏季因高温影响,鸡的食欲下降时,可采用颗粒饲料来增加鸡的采食量。

2. 碎料

碎料是将制成的颗粒再经加工破碎的饲料,它除具有颗粒的优点外,由于采食速度稍慢,不致过食过肥,适于产蛋鸡和各种周龄的雏鸡喂用,只是加工成本较高。

颗粒饲料因需加工制造成颗粒,成本稍高。此外,如水分含量较高时夏季保存不当易发霉,需加注意。

四、饲料配合与配方实例

(一)饲料配合的原则

(1)饲料种类应多样化。选用饲料种类应尽可能多一些,这样可以利用氨基酸和其他营养物质的互补作用,使饲料中的营养物质比较完善,提高饲料的利用率,满足饲养标准的要求。

(2)尽量开发和利用当地的饲料资源。以减少外购数量和运输费用,从而降低生产成本。

(3)提高饲料的适口性,保证饲料的质量。不能利用发霉、酸败等变质的饲料来配制饲粮,在选用某些替代品时必须保证质量。

(4)饲粮的配方应做到相对稳定,不能随意变更。如果必须改变时,也要逐步进行。因为频繁的变动和突然更换可能会造成鸡的消化不良,影响生长和产蛋。

（5）改善饲粮的保存条件，防止在保存过程中的损失和变质。一方面要注意仓库的温、湿度，通风等；另一方面尽可能缩短饲粮的保存时间，每次配料以够2~4周使用为宜。因为有些脂肪含量较高的饲料，或某些维生素饲料，在贮藏过程中容易被氧化而变质。

（6）在饲料加工厂和有条件的大型养鸡场，每次更换饲粮时，最好对饲粮再做一次营养成分分析。检查饲粮中养分的实际含量与理论值的误差，以便进一步调整。

（二）配合饲料种类

为方便广大农户养鸡生产，大多数饲料生产厂家，都按营养成分和用途制成添加剂预混料、浓缩料和全价配合料出售。现介绍如下：

1. 复合添加剂预混料

复合添加剂预混料是用一种或几种添加剂（如微量元素、维生素、氨基酸、抗生素等）加上一定数量的载体，经充分混合而成的复合添加剂预混料。一般添加量为全价饲粮的1%，具体用量应根据实际需要或产品说明书而定。

2. 浓缩料

浓缩料是由添加剂预混料、常量矿物质和蛋白质饲料，按一定比例混合而成的饲料。养鸡专业户用浓缩料加入一定比例能量饲料（玉米、麸皮），就可配成直接喂鸡的全价配合料。浓缩料一般占全价配合饲粮的比例为20%~30%。

3. 全价配合饲料

由浓缩饲料加上一定比例的能量饲料，就可配成全价配合饲料。它含有鸡需要的各种营养成分，不需要添加任何其他饲料或添加剂，可直接饲喂。

（三）饲料配方实例

以下配方实例，是蛋用鸡的雏鸡、育成鸡和产蛋鸡饲料配方，仅供用户参考。所有这些配方都不应看作是一成不变的模式,各地、各用户应根据自己的鸡群品种、饲料条件,配制适用于本地区使用的饲粮。

1. 白壳商品蛋鸡饲料配方

白壳商品蛋鸡饲料配方,见表3-2。

表3-2 白壳商品蛋鸡饲料配方

原料	蛋鸡小雏 (1~8周龄)			蛋鸡中雏 (9~16周龄)			产蛋前 (17周~5%产蛋率)		
	1	2	3	1	2	3	1	2	3
玉米(%)	60	59	60	60	59	61.6	60	60	58
小麦麸(%)	6	7.5	6.8	20	17.5	14.2	3.7	5.3	9.5
豆粕(%)	26	26	25.5	9.6	13	15.7	24.5	24	20.5
国产鱼粉(%)	3	4	3.5	2.9	0.6	1	1.3	1.3	1.6
棉籽粕(%)	—	—	—	—	—	1.65	—	—	—
菜籽粕(%)	1	—	—	4.2	4	4	3.1	2	—
玉米蛋白粉(%)	—	—	—	—	—	—	—	—	1
胡麻饼(%)	—	—	—	—	—	—	—	—	1
花生仁饼(%)	—	—	—	—	—	1	—	—	1
石粉(%)	0.6	1	—	0.9	1.1	0.55	—	3.7	3.7
贝壳粉(%)	—	—	0.9	—	—	—	4.6	—	—
骨粉(%)	2.1	—	2	1.1	—	1.4	1.5	2.4	2.4
磷酸氢钙(%)	—	1.2	—	—	0.6	—	—	—	—
1%预混料(%)	1	1	1	1	1	1	1	1	1
食盐	0.3	0.3	0.3	0.3	0.3	0.3	0.3	0.3	0.3
营养素	营养含量(%)								
代谢能 (兆焦/千克)	11.75	11.75	11.75	11.37	11.30	11.32	11.38	11.34	11.28
粗蛋白质(%)	19.4	19.3	19.2	15.4	15.6	16	17.9	18	18
钙(%)	1.04	1.07	1.06	0.93	0.93	0.95	2.11	2.09	2.1

续表

原料	蛋鸡小雏 (1~8周龄)			蛋鸡中雏 (9~16周龄)			产蛋前 (17周~5%产蛋率)		
	1	2	3	1	2	3	1	2	3
有效磷（%）	0.48	0.49	0.48	0.37	0.38	0.37	0.45	0.45	0.46
氯化钠（%）	0.37	0.38	0.38	0.37	0.37	0.37	0.38	0.36	0.37
蛋氨酸（%）	0.383	0.38	0.381	0.308	0.308	0.310	0.380	0.384	0.377
赖氨酸（%）	0.956	0.965	0.954	0.660	0.664	0.662	0.856	0.855	0.857
蛋+胱氨酸（%）	0.706	0.701	0.697	0.585	0.580	0.604	0.697	0.692	0.680

说明：能量的单位曾用卡、千卡或兆卡来表示，现已废除不用了，现采用焦（焦耳）、千焦和兆焦表示。卡与焦间的换算关系为：1卡=4.184焦，1千卡=4.184千焦，1兆卡=4.184兆焦。

2. 白壳商品蛋鸡产蛋期饲料配方

白壳商品蛋鸡产蛋期饲料配方，见表3-3。

表3-3　白壳商品蛋鸡产蛋期饲料配方

原料	产蛋高峰前期 (20~50周龄)			产蛋高峰后期 (50周龄以后)		
	1	2	3	1	2	3
玉米（%）	60.4	60	60	60.7	62	63
小麦麸（%）	—	—	—	2.5	—	—
豆粕（%）	22	25.5	24	20	23.4	—
国产鱼粉（%）	3.5	3.5	2.5	2.4	2.0	2.0
棉籽粕（%）	4	3.2	—	1	—	—
菜籽粕（%）	—	—	—	0.8	0.6	—
玉米蛋白粉（%）	—	—	—	—	0.8	—
胡麻饼（%）	—	—	—	—	—	3
石粉（%）	8.5	8.8	8.8	—	9.4	9.3
骨粉（%）	1.3	1.2	—	—	—	1

续表

原料	产蛋高峰前期 (20~50周龄)			产蛋高峰后期 (50周龄以后)		
	1	2	3	1	2	3
磷酸氢钙（%）	—	—	1.1	0.9	0.9	1
1%预混料（%）	1	1	1	1	1	1
食盐（%）	0.3	0.3	0.3	0.3	0.3	0.3
营养素	营养含量（%）					
代谢能（兆焦/千克）	11.20	11.18	11.31	11.51	11.24	11.31
粗蛋白质（%）	17.8	17.7	17.6	16.51	16.60	16.52
钙（%）	3.66	3.75	3.65	3.75	3.87	3.90
有效磷（%）	0.39	0.38	0.37	0.33	0.35	0.37
氯化钠（%）	0.38	0.38	0.37	0.36	0.37	0.38
蛋氨酸（%）	0.386	0.388	0.379	0.363	0.377	0.382
赖氨酸（%）	0.855	0.867	0.859	0.800	0.750	0.829
蛋+胱氨酸（%）	0.685	0.687	0.676	0.647	0.647	0.662

3. 褐壳商品蛋鸡饲料配方

褐壳商品蛋鸡饲料配方, 见表3-4。

表3-4　褐壳商品蛋鸡饲料配方

原料	蛋鸡小雏 (1~3周龄)			蛋鸡中雏 (4~8周龄)			蛋鸡大雏 (9~16周龄)			产蛋前 (17周~5%产蛋率)		
	1	2	3	1	2	3	1	2	3	1	2	3
玉米（%）	61	63.7	60	59	59	60	61	61	60	60	60	58
小麦麸（%）	—	—	—	7	6.3	7.5	20.5	19.5	20	5.7	3	7.8
豆粕（%）	27.5	27.9	31	26.5	27.5	26	10	10.4	9.6	26	24.7	23.5
国产鱼粉（%）	4	4	3.6	4	2.5	2.5	3	3	2.9	1.3	1.3	1.2
棉籽粕（%）	—	—	1	—	—	—	—	0.4	—	—	—	—
菜籽粕（%）	—	—	1	—	—	—	2.2	2.6	4.2	—	3	2.1
花生仁饼（%）	3.6	0.7	—	—	—	—	—	—	—	—	—	—
石粉（%）	0.85	0.61	1	—	—	0.7	0.8	1.1	0.9	4.2	—	3.7

续表

原料	蛋鸡小雏(1~3周龄)			蛋鸡中雏(4~8周龄)			蛋鸡大雏(9~16周龄)			产蛋前(17周~5%产蛋率)		
	1	2	3	1	2	3	1	2	3	1	2	3
贝壳粉(%)	—	—	—	1.2	1.3	—	—	—	—	—	4.6	—
骨粉(%)	1.8	1.85	—	—	—	2	1.2	—	1.1	—	—	2.4
磷酸氢钙(%)	—	—	1.15	1	0.4	—	—	0.7	—	1.5	1.5	—
1%预混料(%)	1	1	1	1	1	1	1	1	1	1	1	1
食盐(%)	0.25	0.25	0.25	0.3	0.3	0.3	0.3	0.3	0.3	0.3	0.3	0.3
营养素	营养含量(%)											
代谢能(兆焦/千克)	12.06	12.14	11.94	11.76	11.98	11.70	11.44	11.47	11.37	11.43	11.42	11.20
粗蛋白质(%)	20.8	20	21	19.4	19	19	15.1	15.2	15.4	17.7	17	18
钙(%)	1.13	1.05	1.05	1.06	1.09	1.03	0.9	0.92	0.93	2.09	2.11	2.08
有效磷(%)	0.48	0.48	0.48	0.46	0.48	0.45	0.38	0.37	0.37	0.45	0.45	0.45
氯化钠(%)	0.37	0.37	0.36	0.37	0.39	0.38	0.37	0.38	0.37	0.36	0.36	0.37
蛋氨酸(%)	0.405	0.402	0.408	0.382	0.369	0.371	0.303	0.302	0.306	0.374	0.381	0.380
赖氨酸(%)	1.028	1.008	1.060	0.975	0.943	0.933	0.654	0.657	0.660	0.860	0.851	0.852
蛋+胱氨酸(%)	0.735	0.728	0.760	0.705	0.692	0.688	0.569	0.575	0.585	0.680	0.698	0.688

4. 褐壳商品蛋鸡产蛋期饲料配方

褐壳商品蛋鸡产蛋期饲料配方, 见表3-5。

表3-5 褐壳商品蛋鸡产蛋期饲料配方

原料	产蛋高峰前期(20~45周龄)			产蛋高峰中期(46~56周龄)			产蛋高峰后期(56周龄后)		
	1	2	3	1	2	3	1	2	3
玉米(%)	60.4	60	60	62	60.5	62	62	62	62
小麦麸(%)	—	—	—	—	—	—	—	—	—
豆粕(%)	21	22	25.5	24	25	24.4	17	20	23.3
国产鱼粉(%)	3.5	3.5	2.5	3	3	2	2	2	1.8
棉籽粕(%)	4	3.2	—	—	—	—	3	—	—
菜子饼(%)	—	—	—	—	—	—	4	0.6	1.6
玉米蛋白粉(%)	—	—	—	—	—	—	—	0.8	—

续表

原料	产蛋高峰前期 (20~45周龄)			产蛋高峰中期 (46~56周龄)			产蛋高峰后期 (56周龄后)		
	1	2	3	1	2	3	1	2	3
胡麻饼(%)	—	—	—	—	—	—	—	3	—
石粉(%)	8.5	8.8	8.8	9	9.4	9.3	9.6	9.4	9.3
骨粉(%)	1.3	1.2				1	1.1	—	—
磷酸氢钙(%)	—	—	1.1	0.7	0.8	—	—	0.9	0.7
1%预混料(%)	1	1	1	1	1	1	1	1	1
食盐(%)	0.3	0.3	0.3	0.3	0.3	0.3	0.3	0.3	0.3
代谢能(兆焦/千克)	11.20	11.18	11.31	11.33	11.21	11.26	11.05	11.24	11.22
粗蛋白质(%)	17.8	17.7	17.6	17	17.3	16.95	16.3	16.6	16.42
钙(%)	3.66	3.75	3.65	3.69	3.86	3.9	3.93	3.87	3.91
有效磷(%)	0.39	0.38	0.37	0.36	0.38	0.37	0.33	0.35	0.37
氯化钠(%)	0.38	0.38	0.37	0.39	0.39	0.38	0.37	0.37	0.38
蛋氨酸(%)	0.386	0.388	0.379	0.379	0.383	0.382	0.363	0.377	0.372
赖氨酸(%)	0.855	0.867	0.859	0.845	0.866	0.839	0.740	0.750	0.760
蛋+胱氨酸(%)	0.685	0.687	0.676	0.670	0.677	0.662	0.657	0.647	0.652

5. 白壳父母代生长蛋种鸡饲料配方

白壳父母代生长蛋种鸡饲料配方,见表3-6。

表3-6　白壳父母代生长蛋种鸡饲料配方

原料	种鸡小雏 (1~8周龄)	种鸡中雏 (9~16周龄)	种鸡大雏 (17周~5%产蛋率)
玉米(%)	59	60	58
豆粕(%)	26.5	15.2	25
小麦麸(%)	8.2	18.6	8.7
石粉(%)	1.2	1.4	4
国产鱼粉(%)	2.5	2.7	1.5
1%预混料(%)	1	1	1
磷酸氢钙(%)	1.3	0.8	1.5
食盐(%)	0.3	0.3	0.3

续表

原料	种鸡小雏 (1~8周龄)	种鸡中雏 (9~16周龄)	种鸡大雏 (17周~5%产蛋率)
营养素	营养含量(%)		
代谢能(兆焦/千克)	11.69	11.50	11.32
粗蛋白质(%)	19.2	16.1	17.9
钙(%)	1.03	0.98	2.01
有效磷(%)	0.46	0.38	0.45
氯化钠(%)	0.39	0.38	0.45
蛋氨酸(%)	0.373	0.320	0.377
赖氨酸(%)	0.965	0.757	0.877
蛋+胱氨酸(%)	0.695	0.595	0.682

6. 白壳父母代蛋种鸡产蛋期饲料配方

白壳父母代蛋种鸡产蛋期饲料配方,见表3-7。

表3-7　白壳父母代蛋种鸡产蛋期饲料配方

原料	产蛋高峰前期 (20~50周龄)	产蛋高峰后期 (50周龄后)
玉米(%)	61	63
豆粕(%)	25	22
小麦麸(%)	—	0.9
石粉(%)	9.1	9.6
国产鱼粉(%)	2.5	2.4
1%预混料(%)	1	1
磷酸氢钙(%)	1.2	0.8
食盐(%)	0.3	0.3
营养素	营养含量(%)	
代谢能(兆焦/千克)	11.30	11.30
粗蛋白质(%)	17.5	16.4
钙(%)	3.74	3.84
有效磷(%)	0.4	0.35

续表

原料	产蛋高峰前期 （20~50周龄）	产蛋高峰后期 （50周龄后）
氯化钠（%）	0.38	0.38
蛋氨酸（%）	0.387	0.371
赖氨酸（%）	0.864	0.816
蛋+胱氨酸（%）	0.682	0.652

7. 褐壳父母代生长蛋鸡饲料配方

褐壳父母代生长蛋鸡饲料配方, 见表3-8。

表3-8 褐壳父母代生长蛋鸡饲料配方

原料	种鸡小雏 （1~8周龄）	种鸡中雏 （9~16周龄）	产蛋前 （17周~5%产蛋率）
玉米（%）	61	60	58
豆粕（%）	30.5	13.9	24.7
小麦麸（%）	2.8	19.6	9
石粉（%）	1.2	1.3	4
国产鱼粉（%）	1.8	3.2	1.5
1%预混料（%）	1	1	1
磷酸氢钙（%）	1.4	0.7	1.5
食盐（%）	0.3	0.3	0.3
营养素	营养含量（%）		
代谢能（兆焦/千克）	11.89	11.50	11.31
粗蛋白质（%）	19.8	16	17.8
钙（%）	1.03	0.94	2
有效磷（%）	0.45	0.42	0.45
氯化钠（%）	0.37	0.37	0.37
蛋氨酸（%）	0.383	0.320	0.375
赖氨酸（%）	1.001	0.759	0.872
蛋+胱氨酸（%）	0.718	0.593	0.680

8. 褐壳父母代蛋种鸡产蛋期饲料配方

褐壳父母代蛋种鸡产蛋期饲料配方, 见表3-9。

表3-9 褐壳父母代蛋种鸡产蛋期饲料配方

原料	产蛋高峰前期 （20~50周龄）	产蛋高峰后期 （50周龄后）
玉米（%）	62	64
豆粕（%）	22.9	21.7
小麦麸（%）	—	—
石粉（%）	9.3	9.7
国产鱼粉（%）	3.6	2.5
1%预混料（%）	1	1
磷酸氢钙（%）	0.9	0.8
食盐（%）	0.3	0.3
营养素	营养含量（%）	
代谢能（兆焦/千克）	11.32	11.35
粗蛋白质（%）	17.6	16.26
钙（%）	3.8	3.87
有效磷（%）	0.41	0.35
氯化钠（%）	0.40	0.38
蛋氨酸（%）	0.394	0.371
赖氨酸（%）	0.893	0.812
蛋+胱氨酸（%）	0.683	0.651

第四章　蛋鸡场的建筑、设施与环境卫生管理

一、蛋鸡舍的建筑要求

(一)场址选择与布局

1. 场址选择

选择地势高燥,向阳背风,朝南或东南方向之地;场区地面应开阔、平坦并有适当坡度,以利于禽场布局、光照、通风和污水排放。不宜在低凹潮湿地势建场,潮湿环境容易使病原微生物孳生繁殖,鸡群易发生疫病。另外,养殖场的场址应位于居民区的下风头,应设在城市远郊区,离市区最少15~20千米,与附近居民点、旅游点以及化工厂、化肥厂、玻璃厂、造纸厂、畜产品加工厂、屠宰场等要有相当的距离,以防止有害化学物质污染、病原感染与噪声干扰等,使养鸡场有一个安全的生态环境。

对新建的养鸡场应尽可能按照"全进全出"制的要求进行整体规划和设计。这种生产制度能最大限度地消灭场内的病原体,防止各种传染病的循环感染,使被免疫的鸡群能够获得较为一致的免疫力。还可以对鸡舍进行彻底的清洗、消毒、设备的维修,以及比较彻底的灭鼠、灭蝇等卫生工作。

2. 场区布局

布局时应从人和蛋鸡保健的角度出发,建立最佳的生产联系和兽医卫生防疫条件,并根据地势和主风向,合理安排各个功能区的

位置。一般规模化养鸡场通常应分为相互隔离的四个功能区，即生活管理区、生产辅助区、生产区和病鸡处理区。见图4-1。

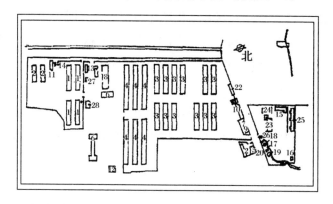

图4-1　蛋鸡场的平面示意图

　　1.种鸡舍　2.种雏舍　3.蛋鸡舍　4.蛋雏舍　5.孵化厅　6.饲料加工车间　7.饲料分析室　8.饲料室　9.兽医室　10.浴室　11.浴室　12.锅炉房　13.配电室　14.消毒室　15.汽车库　16.油库　17.水泵室　18.水塔　19.水池　20.蛋品加工及贮存室　21.鸡蛋加工车间　22.销售部　23.办公楼　24.职工食堂　25.职工宿舍　26.传达室　27.机修车间　28.职工休息室

　　(1)生活管理区：主要进行经营管理、职工生活、福利活动等，在场外运输的车辆和外来人员只能在此活动。由于该区与外界联系频繁，应在管理区大门入口处设消毒池、门卫室和消毒更衣室等。应位于场区常年主风向的上风头，主要设办公室、会议室、资料室、食堂、宿舍等生活用房。

　　(2)生产辅助区：位于生活管理区的下风头或与生产区平行，主要设有饲料库、蛋库、锅炉房、供电室、维修室、车库、兽医室、化验室、消毒更衣室等。

53

（3）生产区：是养鸡场的核心，该区的规划与布局要根据生产规模而定。根据生产的特点和环节来确定各鸡舍之间的最佳联系，不能混杂交错配置，并将各个生产环节安排在不同的地方，以便对人员、动物、设备、运输甚至气流方向等进行严格的生物安全控制。位于生产辅助区的下风头，主要设有育雏育成室、商品鸡舍、种鸡舍、孵化室等用房。

（4）无害化处理区：应设在全场墙外下风头和地势最低处，设单独的通道与出入口，处理病死鸡的尸坑应严密防护和隔离，以防病原的扩散和传播。

3. 道路

场区要求设净道和污道，人行、运料和运粪不能混用，严格分开。路面要求硬化。

4. 建筑面积

没有统一标准，应因地制宜，根据饲养管理方式、规模大小和饲料供应情况等因素确定；或参照表4-1规定执行。

表4-1　蛋鸡场建筑面积、耗水量、电力配置

规模（只）	总建筑面积（平方米）	生产区建筑面积（平方米）	耗水量（吨/天）	电力配置（千伏安）
1 000~10 000	250~2 500	150~1 500	1~10	1.5~15
10 000~100 000	2 500~25 000	1 500~15 000	10~100	15~150
100 000以上	25 000以上	15 000以上	100以上	150以上

（二）蛋鸡舍类型

鸡舍是蛋鸡生活的主要环境，它对鸡的生产性能的影响程度越来越受到生产者的重视。鸡舍的类型可分为开放式、封闭式及开放和封闭结合式三种类型。

1. 开放式鸡舍

也称敞棚舍、凉棚，四面无墙或只有端墙，鸡舍主要起遮阳、挡风、避雨的作用。在鸡舍的南北两侧或南面一侧设置运动场，白天鸡在运动场自由活动，晚上休息和采食在舍内进行，是一种散养鸡舍。其优点是造价低，节省能源；缺点是受自然环境的影响较大，尤其是受光照的影响最大，不能很好地控制鸡的性成熟。冬天为了保温，一般在运动场上方用塑料薄膜搭建保温棚。

2. 封闭式鸡舍

指利用墙体、屋顶等围护结构形成的全封闭状态的鸡舍形式。根据开窗情况又分为有窗式和无窗式鸡舍两种。其优点是舍内环境条件能够人为控制，受外界环境的影响小，能够满足鸡的最佳生长的需要，减少应激，充分发挥鸡的生产性能；缺点是投资大，光照全靠人工加光，完全机械通风，耗能多。

3. 开放和封闭结合式

指在春秋季节窗户可以打开进行自然通风和自然光照，夏季和冬季根据气候情况窗户可以关闭，采用机械通风和人工光照的一种可调式鸡舍。一般夏季使用湿垫降温，加大通风量，冬季减少通风量到最低需要水平，以利于鸡舍保温。

（三）鸡舍建筑设计要求

鸡舍设计是否合理，对鸡群的健康和生产性能均有直接的影响。所以，要根据鸡的饲养方式和饲养阶段科学合理设计。另外，鸡舍建筑也要根据饲养制度设计，如是采用三段制、二段制，还是一段制。所谓三段制是指育雏、育成、产蛋三个不同时期在三种类型的鸡舍饲养；二段制是指育雏和育成为一舍，产蛋鸡在另一鸡舍；一段制是指以上三个阶段在一栋鸡舍，直至淘汰。

1. 育雏舍

育雏舍的建筑要求与其他鸡舍不同，其特点是房舍较矮，墙壁较厚，地面干燥，屋顶装设顶棚，有利于保温。无论采用哪种育雏方式，室温范围应在20~25℃，不能低于20℃。同时，要求通风良好，但气流不宜过快，既保证空气新鲜，又不影响温度变化。采用笼养方式时，要求最上层与顶棚的距离为1.5米。房檐高2.5~2.7米，宽6~8米，长14~20米。

2. 育成鸡舍

育成鸡舍包括中雏舍和大雏舍，根据其生理特点，要求有足够的活动面积，以保证生长发育的需要，从而使鸡群有良好的体质。无论育种用还是产蛋用的育成鸡舍，因全年均衡生产与周转使用，必须考虑通风和控温，不能或冷或热，以保证适宜开产。

育成鸡舍可采用有窗式鸡舍，利用侧窗、天窗等调节自然通风，还可根据当地气候特点，辅以机械通风和供暖。这种鸡舍既不受外界自然条件的制约，又充分利用自然条件（光、热、风）。在我国大部地区都采用笼养，成活率高，便于管理。一般规格要求屋檐高2.6~2.8米，宽7~10米，长40~60米。另外也可采用开放式简易单坡或双坡单列式育成鸡舍，跨度5~6米，高2米，北墙稍厚，可留1米左右宽的通道，南面设小运动场，其面积约为房舍面积的2倍。在夏季要求设防暑降温设施，冬季必须设保温设施。见图4-2。

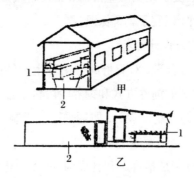

图4-2　笼养与平养鸡舍内外设置对比

甲（笼养鸡舍）：1.鸡笼　2.走道　　乙（平养鸡舍）：1.栖架　2.运动场

3.产蛋鸡舍

其建筑形式有全封闭式和有窗式两种,其中有窗式在我国传统养鸡生产中占主导地位。根据形式分为带过道单列式和双列式的鸡笼排列。具有结构简单,投资少,通风透光好,维修方便等特点,适用于农村中小型养鸡场和专业户与个体户。而现代化水平较高的大中型养鸡场,一般采用多列式饲养,其结构较为复杂,投资也多,但便于管理,能有效地控制环境与提高劳动效率和养鸡生产水平。一般规格要求屋檐高2.6~2.8米,宽8~12米,长60~80米。见图4-3。

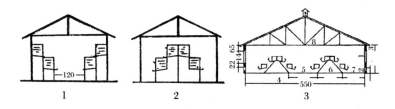

图4-3　笼组在舍内的排列(单位:厘米)

1.半阶梯双列单走道　2.全阶梯单列双走道　3.全阶梯双列三走道

(四)鸡舍结构要求

1.屋顶

屋顶是鸡舍上部的外围护结构,用以防止降水和风沙侵袭及隔绝太阳辐射,对冬季保温和夏季隔热都有重要意义。屋顶由屋架及屋面两部分构成:屋架用来支撑屋面重量,可用钢筋、木材或钢筋混凝土制成;屋面是屋顶的围护部分,直接防御风雨,并隔绝太阳辐射。屋顶不能透水,并有一定的坡度,斜坡与跨度之比为1:2~1:2.5,屋顶材料要求保温、隔热性能好,需加设顶棚。在屋顶与顶棚之间为空气层,能起到隔热防寒的缓冲作用。

2. 墙身

墙是鸡舍的主要结构, 也是将鸡舍与外部空间隔开的主要外围护结构, 对舍内温湿状况的保护起着重要作用, 可分为外墙和内墙。外墙的厚度, 主要由气候条件来确定, 如华北、西北和其他地区采用一砖半厚, 东北等寒冷地区采用二砖厚。内墙用白灰或水泥挂面, 以便防潮。

3. 地面

要求舍内高出舍外, 防潮平坦, 易于冲洗消毒。若采用笼养或网上饲养方式时, 可用水泥地面。若采用地面散养, 可在水泥面下铺空心砖, 以防地面潮湿和垫料发霉。

4. 门、窗

门窗的大小, 能影响鸡舍的采光、通风和保温。蛋鸡舍窗台高为1.7米。前窗高1~1.2米, 宽1.8~2.0米; 后窗高80厘米, 宽1~1.2米, 一般前(南)窗面积大, 后(北)窗面积小。

二、蛋鸡的饲养设备

1. 光照设备

主要是指光照自动控制器和光源。其中光照自动控制器能够按时开灯和关灯, 市场上销售的有石英钟机械控制和电子控制两种。特点是开关时间可任意设定, 控时准确; 光照强度可以调整。例如光照时间内日光强度不足, 可以自动启动补充光照系统; 灯光开灯时逐渐亮, 关灯时逐渐暗; 如遇突然停电, 其光照程序不乱。光源一般使用普通灯泡, 灯泡以25~40瓦为宜。灯泡高度离地面1.5~2米左右, 灯泡间距3米、行距3米。每平方米照度3~4瓦。

2. 通风设备

通风目的是将鸡舍内的污浊空气、湿气和多余的热量排出, 同时补充新鲜空气。目前，鸡舍通风都采用大直径、低转速的轴流风机。我国生产的纵向通风的轴流风机的主要技术参数是：流量为31 400立方米/小时，风压39.2帕（Pa），叶片转速352转/分钟，电机功率0.75瓦（W），噪声不大于74分贝（dB）。

3. 湿垫风机降温系统

该系统的主要作用是夏季空气通过湿垫进入鸡舍，可以降低进入鸡舍空气的温度，起到降温的效果。它是由纸质波纹多孔湿垫、湿垫冷风机、水循环系统及自动控制装置组成的。经试验证明，夏天空气经过湿垫进入鸡舍，可降低舍内温度5~8℃。

4. 供暖设备

供暖设备有暖气、保温伞、火炕、火墙、远红外线灯和热风炉供暖系统。在网上或地面散养雏鸡时，采用保温伞育雏可以增强雏鸡体质和提高成活率。热风炉供暖系统，主要由热风炉、鼓风机、有孔管道和调节风门等组成，适用于各种鸡舍的供暖。具有结构简单，热效率高，送热快，成本低的优点。

5. 饮水设备

饮水设备有乳头式、杯式、水槽式、吊塔式和真空式等。雏鸡阶段和散养鸡多用真空式、吊塔式和水槽式，地面或网上养鸡使用乳头式。乳头式饮水器不易传播疾病，耗水量少，可减少刷洗工作量，提高工作效率，现已普遍推广使用。杯式饮水器供水可靠，不漏水，耗水量少，不易传播疾病，但由于鸡在饮水时经常将饲料残渣带进杯内，可增加清洗工作量。

6. 喂料设备

喂料设备有塑料吊桶、喂料槽和机械喂料系统等，其中机械喂料设备包括贮料塔、输料机、喂料机和饲槽四个部分。养鸡户可以根据鸡的生长日龄选择不同大小喂料器。主要要求便于鸡只采食，鸡不能进入料槽,并防止往料槽内拉粪和浪费饲料。一般在育雏、育成阶段或规模较小的养鸡场(户)常用塑料吊桶喂料;大型机械化养鸡场为提高劳动效率,采用机械喂料系统。

7. 清粪设备

目前鸡舍的清粪方式有人工清粪和机械清粪两种。机械清粪常用设备有刮粪板式清粪机、传送带式清粪机和抽屉式清粪机。刮粪板式清粪机多用于阶梯式笼养和网上平养,带式清粪机多用于叠层式笼养,抽屉式清粪机多用于小型叠层式鸡笼。养鸡场应根据自己的养鸡规模、生产条件和经济情况选择和使用。

8. 鸡笼设备

鸡笼设备是养鸡设备的主体,必须与鸡的饲养密度和对清粪、饮水、喂料设备的选用相配套,才能创造有利于蛋鸡生存的舒适环境,才能使蛋鸡发挥其最高的生产性能。鸡笼设备按组合形式可分为层叠式电热育雏笼、全阶梯式、半阶梯式、复合式和平置式等,按几何尺寸可分为深型笼和浅型笼,按鸡的种类分为蛋鸡笼、种鸡笼,按鸡的体重分为轻型蛋鸡笼、中型蛋鸡笼等。

三、蛋鸡场的环境与卫生管理

在养鸡生产中,环境对鸡的生产性能的影响程度越来越显著,因为鸡的饲养环境可直接影响鸡的生长、发育、繁殖、产蛋和健康。因此,在现代规模化养鸡的今天,不仅要具备优良的品质、全价的饲料、科学的饲养管理技术和严格的防疫措施,还要重视为鸡群创造一个舒适的生存环境和良好的卫生条件。只有这样才能保证鸡只正常生长发育,充分发挥优良的生产能力;才能有效地预防疾病和取得理想的饲养效果;才能降低饲养成本,提高养鸡生产的经济效益。

（一）蛋鸡对环境条件的要求

蛋鸡对环境条件的要求主要有温度、湿度、通风换气、光照、空气质量及生物群体等。

1. 温度

鸡与其他恒温动物一样，在低温环境条件下，通过鸡体代谢机能的加强来提高体温；在高温条件下，通过蒸发散热来降低体温；在寒冷季节和缺少防寒设备条件下，鸡要通过自身的调节作用消耗很多热量来维持体温恒定，这必然要影响鸡的采食量，使鸡的日增重下降，严重时感染疾病或死亡。不同日龄蛋鸡所要求的适宜温度范围见表4-2、表4-3。

表4-2 育雏期雏鸡适宜温度

周龄	育雏器温度		育雏舍温度	
	℃	℉	℃	℉
0~3日龄	35	95	24	75
1	35~32	95~90	24	75
2	32~29	90~85	24~21	75~70
3	29~27	85~81	21~18	70~65
4	27~25	81~77	18~16	65~61
5	25~23	77~73	18~16	65~61
6	23~21	73~70	18~16	65~61

表4-3 蛋鸡舍内理想的温、湿度

	冬季	夏季	在夏季保持这种温度是困难的，需采取湿垫帘降温等措施
温度	8℃以上	28℃以下	
湿度	60%~80%	50%~70%	

（1）温度对雏鸡的影响：初生雏鸡的体温比成年鸡低1~3℃，雏鸡绒毛稀薄，抗寒能力较差；虽然雏鸡的代谢旺盛，但胃的容积

小，进食量有限，产生的热还不能维持生理热的要求。因此，雏鸡对环境适应能力很低，既怕冷，又怕热，所以必须为雏鸡创造温暖、干燥、卫生、安全的环境条件。生产实践证明，温度是育雏成败首要条件。当环境气温超过25℃时，雏鸡不能以出汗形式来散发体温，只能通过张口喘气、二翼张开，力图把肺和气囊中水分散发出来达到体温平衡。这时由于环境干燥，室内尘埃飞扬，刺激呼吸道黏膜，容易诱发呼吸道疾病。当环境气温达到28℃以上时，雏鸡的饮水量增加，易造成食欲减退，消化不良，生长发育缓慢。当气温达到38℃以上时，由于环境温度升高，鸡的体温也随之上升，就能使雏鸡憋死。高温时鸡体温的变化见表4-4。

表4-4　高温时鸡体温的变化

外界气温（℃）	鸡的体温（℃）
27	41.5
27~38	41.5~42
38~40	42~43
40℃以上	43（2~3小时死亡）

（2）温度对产蛋鸡的影响：产蛋鸡的最适温度是18~23℃，在此范围内，鸡只表现为饲料利用率高，抗病力强，产蛋率高。但随着气温的升高，鸡的采食量减少，对生长和产蛋的影响极大。若气温超过30℃时，产蛋显著下降，使蛋壳变薄，饮水量增加；若气温低于7℃时，饲料消耗增加，产蛋量减少，舍内湿度增加，氨味浓度升高，易发生呼吸道疾病。见表4-5。

表4-5 环境温度对产蛋鸡的影响

舍温(℃)	体重	采食量	产蛋量	蛋重	蛋壳厚	饮水量
22	100%	100%	100%	100%	100%	100%
26.5	95.3%	91.8%	93.6%	99.1%	94.7%	104.8%
32.0	91.2%	71.4%	87.0%	96.6%	87.3%	126.7%
38.0	82.0%	42.4%	52.1%	88.6%	76.6%	135.3%

（3）高温对饮水和粪便的影响：随着环境温度的升高，鸡的采食量减少、饮水量增加，产粪量减少，呼吸产出的水分增加，造成总的排出水量大幅度增加。因而使鸡舍的湿度增大，促使舍内病原微生物大量繁殖，有害气体升高，造成舍内空气污浊，使鸡体抗病力下降，易感性增强，死亡率增加。见表4-6。

表4-6 不同环境温度对（100只来航鸡1天）
采食量、饮水量和水排出量的影响

项目	鸡舍温度（℃）						
	4.3	10.0	15.6	21.1	26.7	32.2	37.8
饲料消耗量（千克）	11.8	11.6	11.0	10.0	8.7	7.0	4.8
消耗1千克饲料时的饮水量（千克）	1.3	1.4	1.6	2.0	2.9	4.8	8.4
饮水量（升）	15.5	16.3	17.8	21.1	25.4	33.7	40.9
产粪量（千克）	16.6	16.2	15.3	14.0	12.1	9.7	6.7
粪中含水量（千克）	13.1	13.0	12.4	11.5	10.1	8.2	5.7
呼出的水量（千克）	2.1	2.9	5.1	8.8	15.3	25.5	34.5
粪便和呼出的水量（千克）	15.2	16.0	17.6	20.3	25.4	33.7	40.2

2. 湿度

鸡舍内空气含水汽的程度称之为湿度，一般以相对湿度来表示。鸡舍内的水汽主要来源于鸡体、粪尿、墙壁和设备表面蒸发的水分，以及随空气进入的外界水分和冲洗、消毒地面的水分。一般鸡舍温度适宜时,湿度对鸡的影响不大。如果在高温高湿的环境中,舍内就会显得更加闷热,从而阻碍了鸡体水分的蒸发,使鸡体散热困难。如果在低温高湿的环境中,使鸡体散热增加,鸡会感到更加寒冷,可引起不同日龄鸡只发生下痢(特别是雏鸡因下痢死亡率增高),体重下降,产蛋量减少。干燥、清洁的鸡舍比潮湿阴暗的鸡舍其育雏率、增重及产蛋率都有所提高。鸡舍内适宜相对湿度见表4–7。

表4–7　鸡舍内适宜相对湿度

周龄	相对湿度(%)
1	80~70
2~6	70~65
7周龄以上	65~55

(1)湿度对雏鸡的影响:刚出壳的雏鸡体内水分含量高,一般在70%以上。当转入育雏舍时,由于舍内温度高,空气也干燥,雏鸡随呼吸加快要失去大量水分,致使体重下降,约为初生重的10%。因此,对1周龄内的雏鸡,要采取人工供湿措施来提高舍内空气的湿度。当育雏舍内湿度低时,就会影响雏鸡对卵黄吸收,影响羽毛的生长和脱换。但如果舍内湿度过大,可使鸡体的抵抗力减弱,发病率增高,同时也有利于病原微生物和寄生虫的孳生,容易诱发肠道、呼吸道疾病和寄生虫病。

(2)湿度对育雏舍环境的影响:由于育雏舍内温度高,雏鸡的饮水量增加,而排粪量也增多,使舍内的湿度加大,若舍内再通风不良,雏鸡就容易发生白痢病。因此,雏鸡在育雏期间,要注意舍内通风,勤换垫草和清粪,有助于预防雏鸡白痢病的发生。

3. 通风换气

目的是排出舍内水分,降低舍内废气和有害气体,补充氧气,保持舍内适宜温度和湿度。调节饲养环境,改善鸡舍空气中粪尿分解产生的氨气和硫化氢、呼吸产生的二氧化碳及垫草发酵产生的甲烷等。其有害气体最大允许浓度见表4-8。

表4-8　鸡舍空气中有害气体的致死浓度和最大允许浓度

有害气体	致死浓度(%)	最大允许浓度(%)
二氧化碳	大于30	小于1
硫化氢	大于0.05	小于0.004
甲烷	大于5	小于5
氨	大于0.05	小于0.002 5

(1)有害气体对蛋鸡健康的影响:对鸡危害最大的是氨和硫化氢。鸡舍内氨的浓度长期过高,将会危害蛋鸡的生长发育,降低抵抗力。这是由于氨麻痹或破坏了呼吸道黏膜,使细菌容易侵入引起鸡肺部水肿、充血,鸡新城疫等病的发病率升高。过量的氨还会降低采食量,延长性成熟和影响产蛋量。

硫化氢比重大,愈接近地面浓度就愈高。如果在鸡舍的稍高处嗅到硫化氢气味,则表明鸡舍内的硫化氢已经严重超标。如果鸡舍内硫化氢含量过高,对黏膜产生刺激,鸡就会出现流泪、角膜浑浊、畏光,发生鼻炎、气管炎、肺水肿等,严重时会使中枢神经麻痹,鸡窒息死亡。

二氧化碳过多时,也会引起严重的危害。在正常情况下,鸡舍内二氧化碳的最大允许浓度应小于1%。

(2)降低鸡舍内有害气体含量的方法:

①加大或加快通风:增加舍内空气流通量不仅减少舍内的氨和硫化氢的浓度,而且将舍内附着尘埃的病原微生物也随空气排出到舍外。通过研究表明,这能显著减少各类传染病的发病机会,保证

鸡的健康,降低其死亡率。

②经常清粪:每天按时清除粪便,及时清理舍内垃圾,更换垫草,使鸡舍保持一个洁净的环境。同时也有利于消毒剂有效地发挥杀灭病原微生物的作用。

③保持舍内干燥:有利于控制球虫病和其他疾病;减少舍内有害气体;促使蛋鸡生长、产蛋正常;保证鸡冠鲜红,羽毛发育良好;提高饲料转化率。

所以,不论春夏秋冬,保证必要的最低通风量是改善舍内环境的根本。其次对平养鸡舍要勤换垫草,特别是饮水器周围的垫草,因为垫草常常是病原微生物的繁殖场所。

4. 光照

(1)光照的作用:

①对雏鸡有促进熟悉周围环境、正常饮水和采食,促进新陈代谢、骨骼生长和杀菌消毒等作用。在育雏期通常采用每天23小时光照、1小时黑暗的光照制度或间歇光照制度。

②对育成鸡有控制性成熟、体重达标及提高产蛋潜力的作用。当减少光照时可延迟性成熟,使鸡的体重在性成熟时达标,提高产蛋潜力;当增加光照时,可缩短性成熟,使鸡适时开产。

③有促使母鸡正常排卵和产蛋,并且使母鸡获得足够的采食、饮水和休息时间,提高生产效率等作用。

在生产中,根据不同阶段日龄鸡群对光照的不同需要量,一般采用渐增的光照方法,即在育雏期逐渐缩短每天的光照时间。个体专业散养户,可采用自然光照,缩至一定时数后,稳定不变;待鸡开始产蛋时,又逐渐增加每天的光照时数,最后稳定到一定时数。具体光照管理方案,根据养鸡场、户的不同饲养方式,可参考表4-9。

表4-9 封闭式蛋鸡舍光照管理方案

商品代蛋鸡		父母代种鸡	
周龄	光照时间（小时/天）	周龄	光照时间（小时/天）
0~1	23	0~1	23
2~17	7~8	2~19	7~8
18	9	20	9
19	10	21	10
20	11	22	11
21	12	23	12
22	13	24	13
23	14	25	14
24	15	26	16
25~68	16	27~64	16
69~76	17	65~70	17

（2）光照强度：鸡舍的光照强度要根据鸡的视觉和生理需要而定，过强、过弱都会带来不良后果。如光照过强不仅浪费电能，而且使鸡易出现神经质、惊群、活动量大、消耗能量、发生啄癖等现象。光照过弱，可影响鸡的采食和饮水，使产蛋量减少。关于不同类型的鸡需要的光照强度，见表4-10。

表4-10 不同类型的鸡需要的光照强度

项目	年龄	光照强度（勒克斯）			
		瓦/平方米	最佳	最大	最小
雏鸡	1~7日龄	4~5	20		10
育雏育成鸡	2~20周龄	2	5	10	2
产蛋鸡	20周龄以上	3~4	7.5	20	5

注：勒克斯（lx），常用照度单位。1勒克斯指1流明的光通量均匀分布在1平方米面积上的照度。

（3）光照管理的注意事项：

①制定合理完善的光照制度：光照管理制度的制定，最好从雏鸡开始，最迟应在育成期(7周龄开始)，否则达不到理想的生产效果；并认真贯彻执行，不得半途而废。

②因地制宜：由于各地区地理纬度不同，以及季节(冬、夏)、鸡种、饲养管理方式的不同，光照制度、方式、补充光照的时间及其变化也各不相同，要根据实际情况，灵活应用，才能收到预期效果。

③固定光色及光照时间：光照制度已定，就不能随意改变光的颜色和光照时间，尤其对产蛋鸡增加光照时应逐渐增加，开始最多不能超过1小时，以免由于产蛋过多导致脱肛(肛门翻出后不能复原)。

④光照强度应渐明渐暗：突然关灯或缩短照明时间，会引起惊群或换羽，产畸形蛋，甚至休产；尤其农户散养方式，在夜间补充光照时要求光线由亮到暗，否则，鸡来不及上栖架。

⑤灯泡分布应按比例均匀分布：为使照度均匀，一般光源间距为每隔3米安一个灯泡，如果舍内有多排灯泡，则每排灯泡应交错分布；要注意鸡笼下层的光照强度是否满足鸡的要求。使用带灯罩比不带灯罩的光照强度增加约45%。由于鸡舍内粉尘多，需要经常擦拭干净，坏的灯泡应及时更换，以保持足够亮度。

⑥光照电源：补充光照要求电源可靠，电压稳定，最好采用光照控制器，还要备有停电时的应急措施，否则将使鸡体生理机能受到干扰而造成减产。

⑦照明的光照强度：以5~10勒克斯为宜，在生长期可预防发生啄癖，又不影响鸡的性成熟；在产蛋期只要使光照时间稍微延长还可促进产蛋。在阶梯式笼养舍内，鸡舍采用的光照强度，必须使下层鸡获得10勒克斯，才能收到较好的产蛋效果。在鸡的体高水平位置获得5~10勒克斯需要灯泡的大小和高度，见表4-11。

表4-11　获得5~10勒克斯需要灯泡的大小和高度

灯泡大小（瓦）	5勒克斯		10勒克斯	
	有灯罩（米）	无灯罩（米）	有灯罩（米）	无灯罩（米）
15	1.5	1.1	1.1	0.7
25	2.0	1.4	1.4	0.9
40	2.7	2.0	2.0	1.4
60	4.3	3.1	3.1	2.1
100	5.8	4.1	4.1	2.9

⑧光的颜色：对鸡的行为和生产力有一定的影响。如过亮、黄色和青色光容易使鸡产生啄癖，较暗、红色和蓝色光可减少啄癖的发生，所以一般鸡舍安装40~60瓦白炽灯泡为宜。

⑨必须有完善的饲养管理规程相配合：如全价配合饲料、适宜的舍内环境、综合性疫病防控措施等，再加上合理的光照方案，才能更好地提高鸡的生产能力。

（二）环境卫生与疾病

鸡舍内、外环境卫生的好坏，直接关系到蛋鸡死亡率的高低。舍内的粪便、脏物和舍外的垃圾废物不能及时清理干净，使病原微生物大量繁殖，污染环境、水源和饲料，经不同途径进入鸡体内，均可引起疾病。因此，规模化养鸡场或专业户，必须搞好鸡场舍内外的整体环境卫生，并要作为一项防疫制度来抓，只有这样才能获得养鸡生产的整体效益。为此要做到：

1. 舍内消毒

要求每天清扫鸡舍，保持鸡舍干燥清洁。舍内每周定期用百毒杀（双链季铵盐消毒剂）或消毒王配成1∶3 000倍水溶液，带鸡消毒1次。

2. 环境消毒

鸡舍周围环境和过道路面每月用3%火碱水溶液彻底消毒1次。

3. 鸡舍实行全进全出制

每进一批鸡或转出（包括淘汰鸡）一批鸡，将鸡舍彻底清扫后，用3%火碱水溶液消毒1次，然后再用高锰酸钾28克/立方米和甲醛14毫升/立方米，加水14毫升/立方米，然后关闭门窗，熏蒸消毒，消毒后空舍7~15天后方可进鸡。

4. 自备水源

规模化养鸡场或专业户应自建机井和水塔或水箱，以管道形式直通各舍，不用场外的河水或井水，以防污染。饮水装置应能保证鸡喝上清洁饮水。

5. 鸡饲料应合理调配

保证饲料的营养充足、卫生质量，严禁饲喂发霉、腐败饲料，以防霉菌、沙门菌和其他毒物中毒。

6. 防止粉尘和微生物产生

在鸡舍内鸡的采食、活动、排泄、喂料过程中，大量的粉尘和微生物随空气的流动长时间飘浮在空气中。容易附着在鸡体、水槽、料槽上或吸入到鸡呼吸道内，刺激鼻腔黏膜和气管，引起支气管炎或喉气管炎，成为带菌（毒）鸡。该鸡打喷嚏、鸣叫所产生的分泌物，随着尘埃、飞沫漂浮在舍内空气中，传染健康鸡群，造成疾病的流行。因此，保证鸡舍内、外环境卫生的清洁，对鸡群健康及安全生产是十分必要的。

7. 经常检查监督

养鸡场负责人或兽医工作人员，应经常有计划地对鸡舍的环境卫生状况进行检查、监督，并采取相应有效措施使其符合规定要求。

第五章　蛋鸡的繁殖技术

一、蛋鸡的主要生产性能指标

蛋鸡的主要生产性能指标,包括产蛋量、蛋重、蛋的品质、受精率和孵化率、饲料转换率以及生活力等。

(一)产蛋量

产蛋是蛋鸡繁殖后代的本能,获得高的产蛋量也是蛋鸡生产的目的之一。因此,产蛋量是蛋鸡生产的一个极为重要的经济指标。要想使蛋鸡达到产蛋的高水平,必须改善饲养管理和育种工作。目前经我国有关部门测定,已经得到500日龄产蛋量达到276~293枚的水平。

1. 产蛋量的计算

在种鸡群和商品蛋鸡群生产中,计算群体的产蛋量即为产蛋量的计算。其方法是从群体开产日龄算起,满一年(52周)计算的为年产蛋量;从雏鸡出壳第一天起到500日龄(72周)计算的,则为500日龄产蛋量。计算公式分别为:

公式一:每只蛋鸡年产蛋量=全年总产蛋量/全年实际饲养母鸡数;或每只蛋鸡500日龄产蛋量=500日龄总产蛋量/500日龄实际饲养母鸡数。

例如:入舍母鸡数12万只,全年共产蛋180万千克,平均每只蛋鸡年产蛋量多少千克? 多少枚蛋?

每只蛋鸡年产蛋量=1 800 000千克/108 000只(按90%成活率计算)=16.6千克/只; 每千克蛋按17枚计算: 17枚/千克×16.6千克/只

71

=282枚/只。即平均每只蛋鸡年产蛋量16.6千克,282枚蛋。

采用此方法计算产蛋量,能综合反映鸡群的产蛋能力和鸡群死淘率的高低,能比较客观和准确地反映出鸡只真实产蛋力水平及鸡群存活水平。

公式二:入舍鸡只产蛋量=全年产蛋总量/入舍母鸡数

例如:入舍母鸡数12万只,全年共产蛋180万千克,平均每只蛋鸡年产蛋量多少千克?多少枚蛋?

入舍鸡只产蛋量=1 800 000千克/120 000只=15千克/只;每千克蛋按17枚计算:17枚/千克×15千克/只=255枚/只。即平均每只蛋鸡年产蛋量15千克,255枚蛋。

采用此方法计算每只鸡产蛋量,是把生产过程中已死亡和淘汰的鸡数仍作活鸡计算,它可综合反映鸡群的生产能力,在西方养鸡发达的国家被普遍采用。在蛋鸡生产性能测定中也把入舍鸡只产蛋数作为主要的生产性能指标。

2. 产蛋率

产蛋率是指母鸡在统计期内的产蛋百分比。在生产实践中,产蛋率的高低直接反映了蛋鸡生产管理水平的高低。掌握产蛋率的变化规律,有利于养鸡生产经营者根据相应的变化情况及时调节日粮水平,降低生产成本。此外,还有利于及时发现鸡群健康状况和应激反应情况,有利于加强防疫治疗措施,净化、控制鸡舍环境,为产蛋鸡群创造一个理想的生活条件。在日常生产中常用的是日产蛋率和入舍母鸡产蛋率。计算公式为:

公式一:日产蛋率(%)=统计期内总产蛋枚数/统计期内总饲养只·日数×100

公式二:入舍母鸡产蛋率(%)=统计期内总产蛋枚数/(入舍母鸡数×统计日数)×100

3. 影响产蛋量的主要因素

(1) 开产日龄: 有两种表示方法, 一种是对个体来说, 即产第一枚蛋的日龄; 另一种是对群体来说, 即全群鸡连续2天达到50%产蛋率的日龄。产蛋母鸡进入开产日龄时, 说明母鸡已达到了性成熟, 但母鸡开产过早, 所产的蛋就小。在蛋鸡生产中, 为了避免产小蛋, 母鸡达到适时开产日龄时应实行限制饲喂, 以推迟鸡的性成熟, 一般可使性成熟推迟5~10天, 这样可减少产蛋初期产小蛋的数量。

(2) 产蛋强度: 也叫产蛋率, 是指在一定时期内产蛋的多少, 具体而言, 是指在一定时间内所产蛋量与全部母鸡的百分比。这个指标在开产初期可表示产蛋的增长速度, 在产蛋末期可反映产蛋的持续性。母鸡头几个月的产蛋率越高, 全年产蛋量也就越高。母鸡进入产蛋高峰的时间越早, 峰值越高, 在其他条件不变的情况下, 产蛋量就越高。目前蛋鸡的高峰值可达80%~95%, 33周龄进入产蛋最高峰。产蛋率越平稳, 产蛋量越高。优秀蛋鸡的产蛋率下降速度每月2%~4%, 到15~16月龄应保持65%的产蛋率。

(3) 产蛋持久性: 是指母鸡从产第一枚蛋开始到产最后一枚蛋并开始换羽为止的天数。产蛋持续时间越长, 母鸡产蛋量就越高。产蛋持久性除与遗传因素有关外, 还与饲养、环境、应激、疾病等有关。好的商品蛋鸡能持续产蛋14~15个月。

(4) 就巢性: 就是俗话说的"抱窝孵蛋", 是母鸡的一种繁殖本能, 母鸡在就巢期间停止产蛋。一般抱窝越强, 产蛋量越少。抱窝与遗传有关, 可以通过淘汰、选育的办法来消除。

(5) 冬休性: 一般春季孵出的母鸡开产后常发生休产, 尤其在冬天, 如果休产在7天以上就称为冬休性。有冬休性的鸡全年产蛋量少。

（二）蛋重

蛋重是决定母鸡产蛋总重的第二个重要指标。一般认为蛋鸡的蛋重应为55～60克。影响蛋重的因素很多，其受产蛋鸡年龄的影响最大，同时也与体重、开产日龄、营养水平、气温、光照时间、疾病等因素有关。其变化规律为：初产时蛋重较小，随年龄增长逐渐增大，约在300日龄后达到最大。蛋重指标的大小可影响产蛋总重、种蛋合格率、孵化率；蛋重与年龄、体重呈正相关，与开产日龄、连产性、营养水平呈负相关。蛋重的计算，可用以下两种方法。

1. 平均蛋重

个体记录时，每月连续称3枚以上的蛋求其平均值；群体记录时，每月连续称3天总产蛋量求其平均值。通常以300日龄时平均蛋重来代表该品种的蛋重。

2. 总蛋重

总蛋重是指1只蛋鸡或某群体在一定时间范围内产蛋的总重量。公式为：

总蛋重（千克）＝［平均蛋重（克/枚）×平均产蛋量（枚）］÷1 000

（三）蛋的品质

蛋的品质是影响商品蛋生产效益的重要因素，近年来越来越受到重视。测定指标主要有蛋的形状、蛋壳厚度、蛋白浓度、血斑和肉斑等。

1. 蛋的形状

蛋的形状是在母鸡输卵管峡部形成的。正常蛋为椭圆形，通常用蛋形指数（指蛋的纵径与横径之比）来表示蛋的形状是否正常。鸡蛋的正常蛋形指数为1.3～1.35。大于1.35时蛋形变长，小于1.3时蛋形变圆。过长的蛋破损率高，孵化率低。蛋形对破损率、包装运输和孵化均有意义。

2. 蛋壳厚度

蛋壳厚度对捡蛋、分级、包装、运输和孵化时,保护蛋的完整性起着重要作用。蛋壳厚度变化很大,一般受遗传、气候、营养水平、疾病影响较大。通过选育可以改善蛋壳厚度。蛋壳厚度应在0.35毫米以上。

3. 蛋白浓度

蛋白浓度是鸡蛋的重要指标,消费者常用蛋白浓稠度来衡量蛋的新鲜程度。蛋白越浓,蛋的质量越好,孵化率越高。蛋白的浓度用哈氏单位(表示蛋白品质的一种单位)来表示,哈氏单位越高,则蛋白黏稠度越大,蛋白品质越好。哈氏单位越小,产蛋量越少,说明蛋白浓度越稀。最适宜的哈氏单位为75~80。它受品种、年龄、气候、营养水平、疾病和存放时间的影响。

4. 蛋的密度(曾称比重)

蛋的密度代表蛋壳的质量,最佳蛋的密度在1.08以上。蛋的密度可用盐水漂浮法测定。蛋壳的强度是由蛋的密度、蛋壳厚度和壳膜的质量决定的。

5. 血斑和肉斑

蛋中的血斑和肉斑都能影响蛋的品质。其中血斑是指母鸡排卵时,由于卵巢小血管破裂出现的血滴,沉积在卵黄中而形成的,一般白壳蛋的血斑率比褐壳蛋高;肉斑是指输卵管上皮的脱落物,出现在卵黄中而形成的,一般白壳蛋的肉斑率比褐壳蛋低。在产蛋后期,血斑率和肉斑率增加。血斑和肉斑都与鸡的遗传有关,可通过选育降低血斑和肉斑率。

6. 蛋壳颜色

鸡蛋的蛋壳颜色可分为白色和褐色两种,但也有个别品种产绿色蛋。产蛋初期蛋壳颜色最深,随年龄增加而变浅。蛋壳颜色是在子宫中沉积色素的结果,受遗传制约,通过选育可改变蛋壳颜色的深浅。也受疾病的影响。

(四)受精率和孵化率

1. 受精率

受精率是指受精蛋占入孵蛋的百分比。受精率受公鸡的精液品质、性行为、精液处理方法和时间、输精技术、母鸡生殖道内环境等因素的影响。因此,在生产中不论是自然交配还是人工授精,必须对种鸡进行选择,公母鸡的比例要合理,熟练掌握输精和采精技术与技巧,以提高其受精率和降低饲养成本。

计算公式为:受精率(%)=受精蛋数/入孵蛋数×100

2. 孵化率

孵化率是胚胎发育能力和雏鸡生活力的指标,在任何情况下孵化率都是鸡的生活力的第一个特征。影响孵化率的因素很多,如蛋的大小、蛋结构的缺陷、蛋壳的厚度和多孔性、种鸡的饲养水平等,而对孵化率影响最大的是遗传因素。所以在生产中,应加强对种鸡的饲养管理,避免近交繁殖,坚决淘汰那些表现差的品系,来保持受精率和孵化率的稳定。

孵化率有两种表示方式,一种为受精蛋孵化率,即出雏数占受精蛋数的百分比。

计算公式为:受精蛋孵化率(%)=出雏数/受精蛋数×100

另一种是入孵蛋孵化率,即出雏数占入孵蛋数的百分比。计算公式为:入孵蛋孵化率(%)=出雏数/入孵蛋数×100

(五)饲料转化率

又称饲料报酬,是指每生产1千克蛋所消耗的饲料数量,也称为料蛋比。由于饲料在现代养鸡生产中占生产总成本的70%~80%,所以,饲料转化率与养鸡生产的经济效益密切相关。饲料转化率越高, 总的费用支出就越低, 而经济效益就越好。但由于鸡种的不同, 饲料转化率存在着明显的差异, 一般每产1千克蛋所消耗的饲料从2.2千克到6.2千克不等。饲料转换率与产蛋量有显著相关, 而与蛋重相关较小, 与体重无关。体重大的鸡也可以有很好的饲料报酬。采食量与饲料转化率无明显联系, 采食量高和采食量低的母鸡可以有相同的饲料报酬。计算公式为:

产蛋期料蛋比=产蛋期耗料量(千克)/总蛋重(千克)

（六）生活力

生活力是鸡抵抗外界不良影响的特性。生活力一般用存活率和死亡率来表示。在生产中可分育雏率、育成率、产蛋鸡成活率3个阶段。

1. 育雏率

育雏率是指育雏期末成活雏鸡数占入舍雏鸡数的百分比。正常情况下, 0~6周龄为雏鸡阶段。

计算公式为: 育雏率(%)=育雏期末成活雏鸡数/入舍雏鸡数×100

2. 育成率

育成率是指育成期末成活育成鸡数占育雏期末入舍雏鸡数的百分比。正常情况下, 7~20周龄为育成期阶段。

计算公式为: 育成率(%)=育成期末成活的育成鸡数/育雏期末入舍雏鸡数×100

3. 产蛋鸡成活率

产蛋鸡成活率是指蛋鸡期末母鸡的存栏数占入舍母鸡数的百分比。

计算公式为: 产蛋母鸡成活率(%)=入舍母鸡数-(死亡数+淘汰数)/入舍母鸡数×100

（七）蛋鸡的杂交繁育体系

杂交繁育体系是以育种场将纯系选育、配合力测定［是指某一种群（品种、品系或其他种用类群）与其他种群杂交产生的后代所获得杂种优势的能力]以及原种场扩繁等环节有机结合起来形成的一套体系。主要包括原种场（曾祖代场）、祖代场、父母代场和商品代鸡场，它们既是一个整体，又在承担任务上各有分工。

1. 原种场

又叫曾祖代场。原种场的主要任务是培育专门化的高产品系。培育一个新品系，至少要有60多个以上家系。家系越多，选育的概率就越大，育种的进展也就越快。新品系鸡经过进行饲养观察，品系间的配合力测定，选出最佳杂交组合。然后将杂交组合中的父系和母系提供给祖代场，进行种鸡扩繁。

2. 祖代场

不进行育种工作，主要任务是用曾祖代场提供配套祖代种鸡，进行品系间杂交制种，如用A系公鸡与B系母鸡杂交，C系公鸡与D系母鸡杂交，然后将单交种（如AB公鸡和CD母鸡）提供给父母代场，为商品代场生产商品鸡。

3. 父母代场

父母代场的任务是用祖代场提供的单交种进行第二次杂交制种，即父系（AB）和母系（CD）进行杂交，为商品代场提供大量的商品蛋鸡，生产商品鸡。

4. 商品代鸡场

商品代鸡场是用父母代场提供双的杂交种鸡，即ABCD四系配套的杂种母鸡，进行商品蛋鸡生产，为市场提供商品蛋。

以上就是蛋鸡的良种繁育体系。高产配套杂交鸡，不建立和健全繁育体系，就不可能推广和普及。其中某一环节失误，就意味着繁育体系不健全，再好的品种也不能在生产中发挥其应有的作用。鸡的繁育体系示意图见图5-1、5-2。

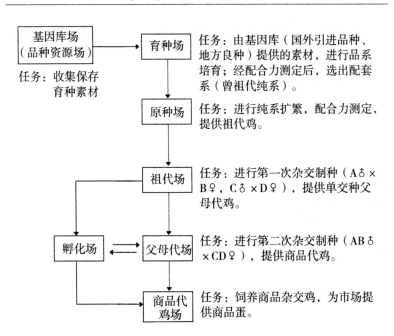

图5-1　鸡繁育体系示意图

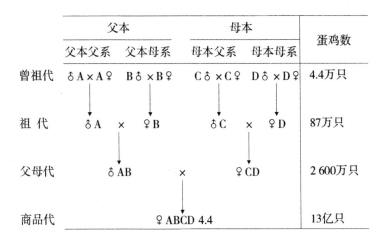

图5-2　四系配套杂交方案

由上图可以看出,如果每年需要13亿只商品蛋鸡,只需要饲养4.4万只基础母系原种母鸡就够了,同时也说明建立健全良种繁育体系的重要性和作用。

二、蛋鸡的配种方法

（一）种公鸡的选择

无论是自然交配,还是人工授精,都应认真选择种公鸡。一般情况下,在祖代、父母代鸡群中分阶段进行挑选。

1. 第一次选择

在雏鸡出壳后雌雄鉴别时,选留生殖突起发达、结构明显的小公雏。

2. 第二次选择

在育雏到35～45日龄时,根据体重和鸡冠的发育情况,选择体重较大、鸡冠发育明显、颜色鲜红的留作种用,特别是蛋用型种公鸡应重视鸡冠的选择,因为小公鸡早期冠型发育与睾丸大小呈明显正相关。

3. 第三次选择

在育成到17周龄左右时,也可在转群时进行,选择体重达到标准、发育良好、胸宽而深向前突出、背宽而骨骼结实、羽毛丰厚、冠髯鲜红且大的公鸡,结合按摩采精进行选留。

4. 第四次选择

在28周龄左右(公鸡一般在23～30周龄性成熟开始配种),人工授精时进行最后选择,主要通过采精训练,选留射精量大、精液品质好的种公鸡。繁殖期结束后,即可淘汰。

（二）公母比例与利用年限

1. 公母鸡比例

为获得良好的种蛋受精率和降低饲养成本,鸡群中公母比例要合理。

(1)轻型蛋鸡(平养):公母比例为1∶(12~15);

(2)中型蛋鸡(平养):公母比例为1∶(10~12);

(3)重型蛋鸡(平养):公母比例为1∶(8~10);

(4)人工授精(笼养):公母比例为1∶(35~40)。

2. 种鸡利用年限

通常为1~2年。公鸡和母鸡的年龄影响繁殖力,一般鸡在18月龄前的受精率最理想。按以上比例,可以保证有满意的种蛋受精率,受精率可达95%以上。

(三)配种方法

有自然交配和人工授精两种。

1. 自然交配

主要用于地面平养,公母按规定比例,自然交配。为了保证有较高的受精率,配种时公母比例一定要适当。如母鸡过多时,部分母鸡得不到公鸡交配;公鸡过多时,会产生争配,都可降低种蛋的受精率。

2. 人工授精

实行人工授精是当今最先进的繁殖方法。在养鸡发达国家早已应用。我国从20世纪70年代开始应用,现已在全国各地大、中型种鸡场普及应用。优点是可以减少饲养公鸡的数量,降低生产种蛋的饲料消耗成本,种蛋受精率可以保证在95%~98%,从而提高了养鸡业的经济效益。同时,为有计划和高效育种工作开辟了广阔的前景。

(1)采精前的准备:

①公母种鸡分群管理:将公、母鸡提前分群饲养,加强对种公鸡的饲养管理。

②按摩训练:在正式人工授精的前一周,对公鸡进行按摩训

练, 将性反射强、精液品质好的公鸡挑选出来。

③剪羽毛: 用剪毛剪剪去选好的公鸡泄殖腔周围的羽毛。

④器具准备: 由于公鸡采精量少, 精液黏稠度高, 集精用具最好选用优质10毫升离心管或无毒塑料制品, 要便于清洗和消毒。每次使用以前先用0.1%新洁尔灭水浸泡刷洗, 再用自来水冲洗干净, 然后在1%~2%盐水中浸泡数小时, 再冲洗干净烘干备用。

(2)采精步骤: 以背式按摩法为例。

①两人采精法: 两人操作采精时, 一人用左右手分别将公鸡的两腿轻轻握住, 使其自然分开, 鸡的头部向后, 尾部向采精者。另一人右手中指和食指夹住集精杯, 杯口朝外, 右手分开贴于鸡的腹部。左手掌自公鸡的背部向尾部方向按摩, 按摩3~5次, 看到公鸡尾部翘起, 泄殖腔外翻时, 左手顺势将鸡尾部翻向背部, 并将左手的拇指和食指翻到泄殖腔两上侧做适当的挤压, 精液即可顺利排出。精液排出时, 右手迅速将杯口朝上承接精液。

②单人采精法: 采精人员坐在凳上, 将公鸡固定在两腿之间, 采精步骤同上。公鸡每周采精以3~5次为宜。

(3)精液品质的检查:

①外观检查: 正常精液为乳白色、不透明液体。如果被粪便污染则为黄褐色, 尿酸盐污染为白色絮状物, 血液污染为粉红色, 透明液过多则为水状。稍带有腥味。采精量: 正常在0.2~1.2毫升。浓稠度: 浓稠度大。pH(酸碱度): 7.1~7.6。

②显微镜观察:

活力: 于采精后20~30分钟内进行。取精液及生理盐水各一滴, 置于载玻片一端, 混匀, 加上盖玻片, 精液不宜过多, 以布满载玻片、盖玻片的空隙, 又不溢出为宜。在38℃条件下, 200~400倍镜检, 评定精子活力的等级。如果在显微镜下精子呈直线运动的比例占100%，为1级，占90%为0.9级，以此类推。一般0.35级以下的精液不能用。

　　密度：可分为密、中、稀三等。密：在镜下观察如果精子之间无空隙，每毫升精液有40亿以上，为密。中：精子之间有空隙，每毫升精液有精子20亿~40亿，为中。稀：精子稀疏，每毫升有精子20亿以下，为稀。见图5-3。

　　　　1　　　　　　　　2　　　　　　　　3

图5-3　精液密度估测法

1.密　2.中　3.稀

　　畸形率检查：取一滴原精液滴在载玻片上，抹片自然阴干，干后用95%酒精固定1~2分钟，水洗，再用0.5%龙胆紫染色3分钟，水洗阴干，在400~600倍显微镜下观察。畸形精子有以下几种，见图5-4。

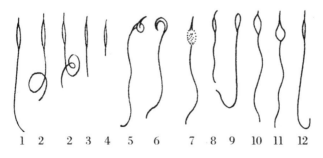

1　2　　2　3　4　　5　6　　7　8　9　10　11　12

图5-4　公鸡精液中正常精子与异常精子的类型

1.正常　2.尾部盘绕　3.断尾　4.无尾　5.盘绕头　6.钩状头

7.破裂头　8.小头　9.钝头　10.膨胀头　11.气球头　12.丝状中段

（4）精液的稀释和保存：

①精液的稀释：应根据精液的品质决定稀释的倍数，一般按1：1进行稀释。常用稀释液为0.9%氯化钠溶液，精液稀释应在采精后尽快进行。

②精液的保存：采用低温保存和冷冻保存。现在一般采精后用原液（不用稀释液稀释）直接输精，或者将精液稀释后，置于40℃的保温杯内保存并要求在30分钟内用完。

（5）输精：

①输精前准备：挑选健康、无病、开产的母鸡，产蛋率达70%以上开始输精最为理想。

②输精时间：以每天下午3点钟以后，母鸡子宫内无硬壳蛋时最好。

③输精方法：一般3人一组，2人翻肛，1人输精。翻肛者用左手在笼中抓住鸡的两腿，紧握腿的根部，将鸡的腹部贴于笼上，鸡头朝下，右手对母鸡腹部的左侧施以一定压力，输卵管便可翻出，输精者立即将吸好的精液管插入输卵管2厘米左右，将精液挤入输卵管内。

④输精次数和输精量：蛋用型鸡在产蛋高峰期每5~7天输精一次，每次输精量为原液0.025毫升，稀释精液0.05毫升，以保证每只鸡每次输入的有效精子数不少于8 000万至1亿个。

⑤收集种蛋时间：一般提前连续输精2天，第3天开始收集种蛋。现代化中型蛋鸡，25周至72周每只鸡产蛋总数为250~260枚，产种蛋大约在200~215枚，产母雏85~90只。

第六章 蛋鸡的孵化技术

孵化是指鸡胚在一定的环境条件下(包括温度和湿度),经过一系列的发育阶段,破壳孵出小鸡的过程,是鸡的一种特殊繁殖方式。影响孵化的因素很多,如种鸡、种蛋和孵化技术等。尤其是种鸡的营养、年龄及种蛋品质等,对鸡胚孵化影响较大。而孵化条件是直接影响孵化率高低和雏鸡质量好坏的外部条件,在孵化过程中非常重要,应引起足够的重视。

孵化技术人员应深入了解并掌握影响孵化效果的各种因素,以及各因素间的相互关系,以便进一步改善种鸡饲养,加强种蛋管理和改进孵化技术,取得更好的成绩。

一、种蛋选择、保存、运输及消毒

(一)种蛋选择

1. 种蛋来源

应来自生产性能和繁殖性能优良的健康种鸡,无经蛋传播的疾病,如鸡白痢、支原体病和马立克病、白血病等。种蛋受精率应达到95%以上。

2. 种蛋形状

椭圆形为最佳,过长、过圆、过小的种蛋不能用作种蛋。如刚开产的种蛋,孵出的雏鸡小、弱、成活率低。最理想的种蛋是26~66周龄种鸡产的蛋,蛋重不低于53克。

3. 蛋壳厚度

蛋壳的结构要求致密均匀，厚薄适度，一般良好的蛋壳厚为0.35毫米左右。如蛋壳过厚，水分不易蒸发，气体交换不畅，雏鸡破壳困难；而过薄或钙质沉积不均匀，水分蒸发快，种蛋因失重过多造成胚胎代谢障碍。所以蛋壳表面有粗糙、皱纹、裂纹的，都不能作为种蛋。

4. 蛋壳颜色

首先要符合本品种的蛋壳颜色。对褐壳蛋或其他蛋壳颜色，留种蛋时不一定要求蛋壳颜色完全一致，但由于疾病或饲料营养等因素造成的蛋壳颜色改变的，绝对不能作种蛋用。

（二）选择方法

1. 感官法

根据种蛋的一些外观指标，如蛋形、大小、清洁程度、裂纹和破损等可采用肉眼检查或轻轻碰撞的方法，将不符合要求的种蛋捡出。

2. 透视法

对种蛋的蛋壳厚度、气室大小、位置、血斑等，可用灯光或照蛋器进行透视检查，能更准确地判断种蛋的好坏。

3. 抽查剖视法

一般在孵化率出现异常时才用此法。通过测定哈氏单位、蛋壳厚度、蛋黄指数（蛋黄指数=蛋黄高度÷蛋黄直径，新鲜蛋黄指数为0.4～0.42），来判断种蛋内部品质。

4. 种蛋选择次数和场所

一般选择2次，第一次种蛋先在鸡舍内初选，将破蛋、脏蛋和明显畸形蛋捡出；然后在蛋库或孵化室再进行第二次选择，将不合格种蛋剔除。

（三）种蛋的消毒

由于刚产出的蛋表面细菌含量为300～500个左右，产出15分钟后，细菌可增加到1 500～3 000个，所以，种蛋最好在产出后0.5小时以内收集并消毒。其消毒方法有以下几种：

1. 熏蒸消毒法

（1）第一次熏蒸：在鸡舍内，甲醛30毫升/立方米、高锰酸钾15克/立方米、水15毫升/立方米，熏蒸20分钟，可杀死95%～98.5%的病原体。

（2）第二次熏蒸：在种蛋库内，甲醛28毫升/立方米、高锰酸钾14克/立方米、水14毫升/立方米，熏蒸30分钟。

（3）第三次熏蒸：在出雏机内带鸡消毒，甲醛14毫升/立方米、高锰酸钾7克/立方米、水7毫升/立方米，熏蒸5～10分钟。

熏蒸消毒时的注意事项：保证室内温度为25～27℃，湿度为70%～80%，封闭门窗。消毒时首先将准备好的甲醛与水混合盛在一个容器内，最后快速将高锰酸钾倒入，然后迅速离开。消毒人员要穿防护衣，戴眼镜、口罩。

2. 杀菌剂浸泡法

可用5%新洁尔灭水溶液（水温40℃）浸泡消毒5分钟，取出马上放在蛋架上沥干，蛋库内保存，以防细菌第二次感染。

（四）种蛋的保存

1. 保存时间

最好是3～5天，一般不超过1周。超过1周孵化率会明显降低，如果超过2周以上，就会使孵化期推迟，雏鸡质量下降，失去孵化价值。

2. 保存的适宜温度

因胚胎发育的临界温度是23.9℃，因此，种蛋在蛋库保存适宜温度是：1周内为15~18℃，1周以上以12℃为宜。

3. 种蛋保存相对湿度

种蛋库的相对湿度为65%~70%。若湿度过高，易使种蛋发霉；湿度太低，蛋内水分蒸发过快，气室增大，胚胎失重过多，会影响孵化效果。

4. 种蛋保存的注意事项

(1) 种蛋放置位置：要求种蛋在贮存期间大头向上，小头向下（这样有利于蛋黄位于蛋的中心，避免胚胎与蛋壳粘连）。

(2) 转蛋：种蛋在存放期间要每天将种蛋翻转45°，以防胚胎系带松弛和蛋黄粘连。

(3) 清除种蛋上的水珠：当种蛋由蛋库移到码盘室时，由于码盘室的温度高，蛋库的温度低，水蒸气就会凝结在蛋壳上，形成水珠，叫"冒汗"，应及时清除。有水珠的种蛋易受细菌污染。

5. 种蛋的包装与运输

(1) 种蛋包装：最好采用规格的种蛋箱包装。种蛋箱要求结实，每一层有纸板做成活动蛋格，每小格内放1枚种蛋。一般每箱300枚种蛋为宜。种蛋到达目的地后，应尽快开箱检查，剔除破损蛋，用甲醛28毫升/立方米、高锰酸钾14克/立方米、水14毫升/立方米混合熏蒸30分钟后，装盘静置6~12小时入孵。

(2) 种蛋运输：一般短途运输采用汽车，长途运输除汽车外，还可以用火车、飞机或轮船。但无论采用什么运输方式，都要匀速行驶，陆地运输时选择平坦的道路运行，运输过程中不允许急刹车和急转弯。

二、种蛋孵化条件

(一)适宜温度

1.最适温度

立体孵化器的最适宜孵化温度:孵化前期(1～19天)为37.5～37.8℃,孵化后期(20～21天)为36.9～37.2℃。孵化室恒定温度为25℃。

2.高温、低温对鸡胚的不良影响

(1)高温:会加速胚胎发育的速度,缩短孵化期,使孵化率和雏鸡质量都有不同程度的下降。如第16天鸡胚在40.6℃的温度下,经24小时孵化率只有轻度下降;如果在43℃,并持续2～3小时时,所有胚胎将全部死亡。

(2)低温:会使胚胎发育变慢,延长孵化期。如低至35.6℃时,持续下去,胚胎大多数会死于蛋壳内;如果低至24℃,并持续30小时,会造成胚胎全部死亡。

(二)相对湿度

1.最适湿度

立体孵化器最适宜孵化湿度:孵化前期(1～19天)为50%～60%,孵化后期(20～21天)为65%～75%(其理由是最适湿度时,在空气中的水分和二氧化碳作用下,蛋壳的碳酸钙变成碳酸氢钙,易使蛋壳变脆,有利于出雏)。孵化室、出雏室湿度为60%～70%。

2.不同湿度对鸡胚的不良影响

(1)湿度低:使蛋内水分蒸发快,胚胎失重过多,雏鸡会提前出雏,出雏的小鸡个体小,绒毛稀短,容易脱水。

(2)湿度高:使蛋内水分蒸发慢,延长孵化时间,孵出的雏鸡腹部膨大,卵黄吸收不良,导致弱雏。

(3)温度和湿度的关系:孵化前期,要求温度高而湿度低;孵化后期(出雏期)要求湿度高而温度低。由于孵化器的最适宜温度已确定,因此,在孵化过程中只能调节湿度。

(三)通风换气

1.供给新鲜空气

由于胚胎发育过程中,不断与外界进行气体交换,吸收氧气,排出二氧化碳和水分,所以为保证正常的胚胎发育,必须供给新鲜空气。一般要求孵化机内空气中的氧含量不低于21%,二氧化碳浓度不超过0.5%。如果氧含量每减少1%,孵化率就下降5%;二氧化碳超过1%,则胚胎发育迟缓,死亡率增高,出现胎位不正和畸形现象。

2.通风换气具体方法

(1)保证孵化机内风扇正常运转:这样不仅可以保证胚胎发育所需的氧气,排出二氧化碳,而且还起到均匀温度和散热的作用。

(2)加大孵化后期通风量:在孵化到19天以后,鸡胚随着自身日龄的增加,代谢更加旺盛,产热也增加。因此,必须适当加大通风量,否则会造成温度过高,烧死胚胎和影响正常发育。

(四)定时翻蛋

1.翻蛋的目的

变换胚体位置,防止胚胎与蛋壳粘连,并使胚胎各部位受热均匀,促使羊膜随着胚胎运动。因此,每天要定时翻蛋。

2.翻蛋次数

电脑自动控制孵化机,一般第1~18天,每2小时翻蛋一次,第19~21天为出雏期,不翻蛋。翻蛋角度必须保证水平位置前俯后仰各45°,翻蛋时应注意轻、稳、慢。

3. 凉蛋

凉蛋是指种蛋孵化到一定时间，让胚蛋温度短时间降温的一种孵化方法。一般鸡胚在10日龄以后开始凉蛋，每天2次，每次15~30分钟，以蛋温不低于30~32℃（将凉过的蛋放在眼皮上稍感微凉即可）为限。

（五）影响孵化成绩的因素

有三大因素，即种鸡质量、种蛋管理和孵化条件，见图6-1。

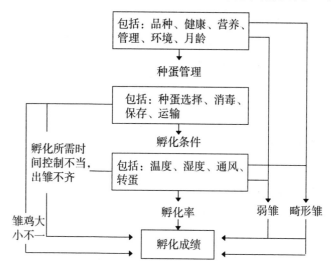

图6-1　影响孵化成绩的各种因素及其相互关系

三、胚胎发育及外部特征

种蛋胚胎发育与哺乳动物不同，它是依赖种蛋中贮存的营养物质，而不是从母体血液中获得营养。鸡的胚胎发育分为母体内和母体外发育两个阶段。

（一）母体内发育

就是卵子与精子在输卵管漏斗处受精后，由于母鸡的体温适宜，受精卵随后在输卵管的峡部发生卵裂,然后进入子宫部(4~5小时),到鸡蛋产出时,胚胎发育已进入原肠期(是由原始的单胚层细胞发展成具有双层或三层胚层结构的胚胎发育期)。概括而言,卵子由输卵管漏斗部受精至产出,大约经历24小时(即在母体内胚胎的1天发育)。

(二)母体外发育

种蛋产出体外,由于外界温度低于母鸡体内温度,使胚胎发育处于停止状态。当人为创造适宜胚胎发育的环境条件时,胚胎继续发育,直到形成雏鸡破壳而出,胚胎发育结束,大约需要21天。实际上,鸡的种蛋整个孵化过程是22天,其中1天在母体内,21天在母体外。

(三)胚膜的形成与功能

胚胎发育早期形成4种胚外膜,即卵黄囊、羊膜、浆膜(绒毛膜)、尿囊。

1. 卵黄囊形成

从孵化的第2天开始形成,到第9天几乎覆盖整个蛋黄表面,并形成循环系统。

功能:通过卵黄囊表面的许多血管,将蛋黄中的营养物质输送给正在发育的胚胎。在雏鸡出壳前,卵黄囊与未吸收完的蛋黄一起被吸收进入腹腔,作为初生雏鸡暂时的营养来源。

2. 羊膜形成

羊膜在孵化到30~33小时开始形成;4~5天形成羊膜腔,将胚胎包裹起来。然后羊膜腔充满透明液体(羊水),胚胎就漂浮在羊水当中(以保护胚胎免受震动)。

3. 浆膜(绒毛膜)形成

当羊膜形成后,它分为两层,内层紧靠胚胎(叫做羊膜);羊膜的外层紧贴蛋壳的内壳膜上,叫做绒毛膜。

功能:浆膜与尿囊膜融合在一起,帮助尿囊膜完成胚胎的代谢作用。

4. 尿囊的形成

尿囊膜位于羊膜和卵黄囊之间。胚胎孵化到第二三天开始形成。到第11天时，由尿囊膜将整个蛋的内容物包裹起来，并在蛋的小头合拢。

功能：由尿囊膜的血管吸收氧供给胚胎，并且排出血液中二氧化碳和肾脏产生的代谢物排到尿囊中，然后经气孔蒸发到蛋外。

（四）孵化过程中的胚胎发育

第1天，由于在入孵的最初24小时，胚胎正在发育过程，用照蛋器照蛋时，种蛋透明均匀，可见卵黄在蛋中飘动，在胚盘的边缘出现许多红点，称为"血岛"。

第2天，由于卵黄囊、羊膜、绒毛膜开始形成，胚胎头部开始从胚盘分离出来，照蛋时见卵黄血管区出现樱桃形，所以称为"樱桃珠"。

第3天，由于胚盘开始转向成为左侧下卧，循环系统迅速增长，照蛋时可见卵黄血管区范围扩大，1/2胚体出现四肢，形如蚊子，所以称为"蚊虫珠"。

第4天，卵黄囊血管紧靠蛋壳，照蛋时头部明显增大，胚体呈蜘蛛状，称为"小蜘蛛"。

第5天，卵黄的投影伸向小头端，胚胎极度弯曲，眼的黑色素大量沉积，照蛋时可明显看到黑色的眼点，所以称为"黑眼"。

第6天，胚胎的躯干部增长，胚体变直，血管分布占蛋的大部分，照蛋时可见头部和增大的躯干部呈两个圆点，称为"双珠"。

第7天，胚胎增大，羊水增多，照蛋时胚胎时隐时现沉浮在羊水中，称为"沉"。

第8天，胚胎活动增强，亮点区在大头端变窄，在小头端变宽，照蛋时胚胎在羊水中浮游，称为"浮"。

第9天，尿囊向小头端伸展，小头端面有楔形亮白区，称为"发边"。

第10天，尿囊在蛋的小头端合拢，照蛋时，除气室外，整个蛋布满血管，称为"合拢"。

第11天，胚胎背面血管变粗，大头端血色加深，气室增大。

第12天，胚蛋背面血色加深，黑影由气室端向中间扩展。

第13~16天，气室逐渐增大，胚蛋背面的黑影已系小头扩展，看不到胚胎。

第17天，由于蛋白全部进入羊膜腔，所以照蛋时，胚蛋小头端看不见亮的部分，全黑，称为"封门"。

第18天，由于羊水、尿囊液明显减少，鸡胚眼开始睁开，胚胎转身，喙朝向气室，照蛋时气室倾斜而扩大，看到胚体转动，称为"斜口"或"转身"。

第19天，由于胚胎喙进入气室，开始出现呼吸，照蛋时胚体黑影超过气室，类似小山丘，能闪动称为"闪毛"。

第20天，由于雏鸡开始大批啄壳，同时也听到雏鸡叫声，在气室处看到一个圆孔，称为"啄壳"。

第21天，大量出雏，称为"满出"。

胚胎每天发育过程见图6-2。

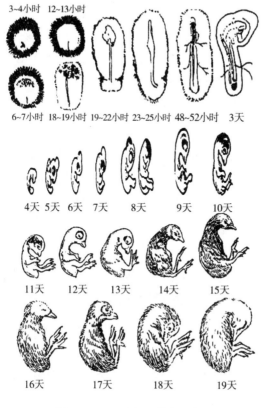

3~4小时　12~13小时

6~7小时　18~19小时　19~22小时　23~25小时　48~52小时　3天

4天　5天　6天　7天　8天　9天　10天

11天　12天　13天　14天　15天

16天　17天　18天　19天

图6-2　鸡胚胎每天发育示意图

四、孵化机的构造和预试

孵化机包括孵化器和出雏器两部分，孵化器是胚蛋前、中期发育的场所，出雏器是雏鸡后期破壳出雏的场所。一般情况下，3台孵化器与1台出雏器组合利用效率最高。

孵化机质量优劣的首要指标是，机内上下、左右、前后、四边各个点的温差。如果温差在±0.25℃范围内，说明孵化机质量较好。温差的大小受孵化机多种结构和性能影响。

95

（一）主体结构

1. 孵化机的外壳

应保温性能好，防潮能力强，坚固美观。一般箱壁由3层组成，外层是一种工程塑料板（该工程塑料板由高分子树脂材料制成，强度高、韧性好，耐腐蚀、耐高温，易于加工成形，常被用于制造仪器的塑料外壳），里层为铝合金板，夹层中填塞的是玻璃纤维或聚苯乙烯泡沫等隔热材料，3层厚度约为5厘米，孵化机的门要密贴封条（如毛毡布条）。孵化机一般没有底部，这样便于清洗消毒，也解决了箱底易被腐蚀的问题。10 000枚以上容量的孵化机，其箱壁均设计成拆卸式板块结构。

2. 种蛋盘

种蛋盘包括孵化盘和出雏盘两种，一般均为塑料制品。孵化盘又分为栅式塑料孵化盘和孔式塑料孵化盘，其中孔式塑料孵化盘的优点是，能增加单位面积容蛋量，与出雏盘配套使用，可用于抽盘移盘法，因此比栅式塑料孵化盘更受用户欢迎。出雏盘一般与孵化盘配套，能提高移盘的劳动效率，减少移盘的时间和对雏鸡的应激现象，从而提高孵化率。

3. 蛋架车和出雏车

蛋架可分为滚筒式、八角式和跷板式3种。现代孵化设备厂生产的大多是跷板式蛋架车。该车由多层跷板式蛋盘托组成，靠连杆连接，转蛋时以蛋盘托中心为支点，分别左右或前后倾斜45°，其中活动车架能将多层蛋盘托连接在一个框架上，底配4个轮子。

出雏车一般为层叠式平底车，每车有24个聚丙烯塑料出雏盘，分两排12层叠放在四轮平底车上，层与层之间的衔接，由上盘底部四角露出的塑料柱插入下盘顶部相应位置的4个孔中，这样既固定了出雏盘，又使盘与盘之间保持一定的通风缝隙。与抽屉式出雏方式相比,更有利于出雏机清洗消毒。

（二）控温、控湿、报警系统

1. 控温系统

由电热管或远红外棒、控温电路和感温元器件组成。电热管应安放在风扇叶片的侧面或下方,电热管功率以每立方米200~250瓦为宜,并分多组放置。出雏器中因胚蛋自温很高,密度又大,所以定温较低,通常电热功率以每立方米150~200瓦为宜,其安放方法与孵化器要求相同。同时附设二组预热电源(600~800瓦),在开始入孵或外界环境温度低时,可启动预热电源,待孵化机达到预调温度后,再关闭预热电源。先进的孵化机设置两组加热元件,即主加热和副加热元件。感温元件也从原来的乙醚胀缩饼、双金属片调节器及目前常用的水银电接点温度计、热敏电阻,发展到使用铂电阻集成感温元件。

2. 控湿系统

一般孵化机均采用叶片式供湿轮或卧式圆盘片滚筒自动供湿装置,该装置位于均温风扇下部,由贮水槽、供湿轮、驱动电机及感湿元器等组成。

3. 报警系统

报警系统是指监督控温系统和电机正常工作的安全保护装置。可分为超温报警及降温冷却系统,低温、高温和低湿报警系统,电机缺相、过载及停转报警系统。

（1）超温报警及降温冷却系统:超温报警装置包括超温报警感温元件、电铃和指示灯。当超温时能声光报警,同时切断电热电源,有冷却系统装置的可同时打开电磁阀门通冷水降温。为了解决孵化中停电超温报警问题,应增设用干电池作电源的超温报警装置(应注意检查干电池是否有效)。

（2）低温、高温和低湿报警系统：当孵化机内温度低于设定值1℃时，实现低温声光报警，并自动关闭风门，主副加热装置同时工作。当孵化机内相对湿度超过设定值±10%时，实现声光报警，并在控制器面板上显示孵化机内实际的相对湿度。

（3）电机缺相、过载及停转报警系统：该系统能及时发现电机缺相、过载或停转情况，声光报警可避免造成电机烧毁现象。万一出现故障能使孵化的损失降到最低极限。

（三）机械转动系统

1. 翻蛋系统

滚筒式蛋架的翻蛋采用人工扳动扳手，使圆筒向前或向后转45°。八角式蛋架翻蛋系统是由安装在中轴一端的90°的扇形蜗轮与蜗杆装置组成，可人工转蛋，也可自动翻蛋。自动翻蛋系统需加一台0.4千瓦微型电机、一台减速箱及定时自动转蛋仪。跷板式蛋车翻蛋系统均为自动翻蛋，设在孵化器后壁上部的翻蛋凹槽与蛋架车上部的长方形翻蛋板相配套，由设在孵化器顶部的电机转动带动连接翻蛋的凹槽移位，进行自动翻蛋。

2. 均温装置

滚筒式孵化器均温设备，是由电动机带动两个长方形木框围绕蛋盘架外周旋转，均温效果较差。八角式蛋架和跷板式的孵化器，均温装置设在孵化器两侧（侧吹式）、顶部（顶吹式）或后部（后吹式），一般电机转速为160~240转/分钟，若控制好电机转速，均温效果较好。

孵化器里的温度是否均匀，除备有均温风扇外，还与电热管及进出气孔的布局、孵化器门密封性能等有很大关系。

3. 通风换气系统

孵化器的通风换气系统由进气孔、出气孔和均温电机、风扇叶等组成。顶吹式风扇叶设在机顶中央部内侧，进气孔设在机顶中央，共2个，出气孔设在机顶四角；侧吹式风扇叶设在侧壁，进气孔设在靠近风扇轴处，出气孔设在机顶中央位置；后吹式进气孔在孵化机后壁风扇轴处，出气孔在机顶中央。为使孵化机通风换气良好，需要在孵化室内设有通风换气装置。

此外，为了操作方便，观察细致，机内设有照明设备和启闭电机装置。

（四）孵化前的准备及要求

1. 孵化室的准备

孵化室内必须保持适宜的温度和良好的通风。一般要求孵化室内温度为25℃。因此，室内应设有供暖设备。同时为了保证孵化室内空气流通，也需设有专用通风孔或风机。建筑上要求水磨石地面，地面坡度为0.5%～1%。孵化室人员出入的门宽应为0.7～1米，高为2.1米；蛋架车出入门要求宽为1.2～1.5米，高为2.1米；窗户要求小而高，顶棚距地面3.1～3.5米，每台孵化器占地面积以20平方米比较合适。

2. 孵化器的准备

孵化机按单列式或双列式布局，摆放在孵化室里，然后按三相电源接法进行接线。检修步骤如下：

（1）电线连接好后，首先做通电前检查及通电试验。先将电源开关扳至"断"位，将加热开关、照明开关扳至"关"位。再用手转动电机风扇叶，观察转动是否自如，有无卡碰现象。

（2）接着用手摇转蛋装置，观察转蛋角度是否前后各45°，跷板式蛋盘是否有摩擦现象。然后把报警水银导电表调至37.8℃（是孵化前期的适宜温度，或你确定的孵化温度），然后再将超温报警的水银导电表调至38.5℃，应急超温水银导电表调至38.6～38.7℃，并取下水银导电表的磁性调节帽。最后将进出气孔全关闭。

（3）合上电源开关的刀闸，此时孵化控制器上电压表显示电压值为176～264伏。若超过上限值，请不要开机，以免烧坏孵化控制器或电机。若电压值在该值范围内，便把控制器的电源开关扳到"通"位，电机就会立即转动，此时电源指示灯亮。再把加热开关扳到"关"位，加热指示灯亮。同时加热器开始加热，孵化器内温度逐渐上升。这时如果按住报警按钮，报警指示灯亮，同时报警器发出报警声音，加热指示灯灭，即说明切断了加热器电源，然后松开按钮，报警便停止，此时加热器指示灯亮，加热器正常工作。

按上述步骤试验3次，一切正常后，才能认为超温报警系统正常，最后打开照明灯开关，检查照明灯是否正常。

（4）最后拔下电机单项的保险，人为造成电机缺相，通电后应出现报警；插上保险，报警应停止，这说明电机缺相及报警系统工作正常。然后再拔下电机所有保险，人为造成电机停转，便会出现报警指示；插上保险后停止报警，说明电机停转报警系统工作正常。

（5）试温：在孵化器内上下、左右、边缘等各点悬挂15支体温计，关上机门使温度上升至37.8℃，0.5小时后，取出温度计，记录各点温度。如各点温差超过0.6℃时，应检查机体、机门封闭是否严密，控温电度表温度值是否正确。当确定检温系统正常时，就可以用标准温度计来调节校对控温及超温报警的温度值。

通过上述仔细安装和调试，一切均正常后，试机运转2～3小时，进一步观察运转是否正常，如没有异常，便可以进行孵化操作了。

（6）消毒：将孵化机与整个孵化使用设备清洗后，一起用甲醛28毫升、高锰酸钾14克、水14毫升，熏蒸消毒30分钟。

五、孵化操作规程

（一）种蛋入孵的步骤

1. 种蛋预热

将已消毒好的种蛋，在入孵前先放置在孵化室内预热6~12小时（目的是除去种蛋上的水珠，使孵化机升温快，有利于提高孵化率）。入孵时间最好在下午4点，这样能使出雏高峰出现在白天，便于工作。

2. 种蛋码盘与编号

将种蛋大头向上放置在孵化机的蛋盘上，并标记品种、数量、入孵时间、批次和入孵机号，码盘后，可直接整车推入孵化机内。

3. 填写孵化进程表

将每批种蛋的入孵、照蛋、落盘和出雏日期填入进程表内，以便孵化人员了解每台孵化机的具体情况，并按进程表安排工作。

（二）孵化机的管理

1. 温度的调节

种蛋刚入孵时，因孵化机开门引起热量散失，加上种蛋吸热，温度暂时降低是正常现象。当入孵2~4小时后，孵化机升温恢复正常。然后，每隔0.5小时观察1次温度，每2小时记录1次。

2. 湿度的调节

孵化机观察窗内挂有干湿球温度计，应每2小时观察并记录1次。要注意观察水盘中蒸馏水位置是否达2/3容量处，不足时应加至2/3容量处。

相对湿度调节方法：是通过放置水盘多少、控制水温和水位高低或确定湿度计湿度来实现的，所以，孵化人员每天应定时往水盘内加温水，并经常清除水盘内的绒毛，以避免影响水的蒸发。也可在孵化室地面洒水,改善环境湿度。必要时可用温水直接喷洒胚蛋。

3. 翻蛋

每隔2小时翻蛋1次。自动翻蛋应先按翻蛋开关按钮,等翻到一侧45°自动停止后,再将翻蛋开关设定为自动位置,以后便每小时自动翻蛋1次。但遇到停电时,要重复上述操作,这样自动翻蛋才能起作用。

4. 照蛋

(1)目的:了解鸡胚的发育情况,剔除无精蛋和死胎蛋。

(2)时间:一般整个孵化期内照蛋2次。第一次照蛋,白壳蛋在入孵后6天开始,褐壳蛋在10天开始。第二次照蛋,在落盘时(19天)进行。如果是巷道式孵化机,一般在落盘时照蛋1次。

(3)照蛋时注意事项:

①动作要稳、准、快。尽量缩短时间(一般每台孵化器平均为60~80分钟,每个蛋架车在25℃室温放置应不超过25分钟)。

②每照完1盘,用外侧蛋填满空隙,以防漏照。

③照蛋时,发现胚蛋小头向上时应倒过来。

④有意识地对角倒盘(如左上角与右下角的孵化盘对调,右上角与左下角的孵化盘对调)。

⑤放盘。孵化盘应固定牢,照蛋完后再全部检查一遍,以免翻蛋时滑出。

⑥最后统计无精蛋、死精蛋和破蛋。登记入表,计算受精率。

5. 落盘(移盘)

(1)落盘:鸡胚孵至19天时,将胚蛋从孵化机的孵化盘移到出雏机的出雏盘中,称为落盘。

(2)注意事项:一是移盘时注意提高室内温度,动作要轻、稳、快,尽量不要碰破胚蛋。二是最上层出雏盘要加盖铁丝网罩,以防雏鸡跳出。

（3）捡雏：当雏鸡出壳30%～40%时捡第一次，60%～70%时捡第二次，最后清盘时再捡一次。

采用推车式多层盘出雏时，一般在出雏量达70%～80%时第一次捡雏；等大部分出雏后，将已啄壳的胚蛋并盘，集中放在上层盘促进其出雏。

（4）清扫消毒：鸡胚全部出完，首先捡出死胎和残雏、死雏，并分别登记入表，然后对出雏机、出雏室彻底清扫消毒。

6. 停电时的应急措施

（1）有备用发电机时，可启动发电机继续孵化工作。

（2）无备用发电机时可采用以下措施：

①首先将室温提高至27～30℃，不低于25℃，每0.5小时翻蛋1次。同时在地面上喷洒热水，以调节湿度。

②千万注意，停电时不可立即关闭通风孔，以免孵化机内上部的胚蛋因受热而遭受损失。

③如果临时停电不超过1～2小时，不必采取以上措施，孵化也不受影响。

六、新生雏鸡的雌雄鉴别

（一）伴性性状

由性染色体上的性连锁基因所决定的性状，叫做伴性性状。由于性连锁基因均可表现伴性遗传，所以在育种中可利用这一特点，来进行初生雏鸡的自别雌雄。

1. 金银羽自别雌雄

用金色羽公鸡和银色羽母鸡交配时，其子一代的公雏都为白色，而母雏都为红色，鉴别率可以达到99%以上。绝大部分褐壳蛋鸡商品代都可以羽色自别雌雄。注意,用银色羽公鸡和金色羽母鸡交配,后代不能自别雌雄。

如用洛岛红鸡做父系,白洛克鸡做母系进行杂交,后代公鸡为白色,母鸡为红色。

2. 羽速自别雌雄

刚出生的雏鸡,一般只有主翼羽和覆主翼羽首先生长出来,其余均为绒毛。用快羽公鸡和慢羽母鸡杂交,所产生的子代,如果主翼羽的生长速度明显快于覆主翼羽,称为快羽,是母雏;如果主翼羽生长速度等于或慢于覆主翼羽,称为慢羽,则是公雏。用此法约出现1%的误差。见图6-3。

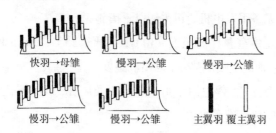

图6-3 雏鸡快慢羽示意图

(二)翻肛鉴别

1. 鉴别时间

雏鸡出壳后4~12小时(不超过24小时)。

2. 鉴别部位

在泄殖腔下方的中央有一个针尖大白色球形突起(公鸡的生殖突起,母鸡没有),在突起两侧斜向内方有呈"八"字形襞,叫八字状襞。

3. 鉴别步骤

分3步,即抓雏排粪,握雏翻肛,鉴别放雏。见图6-4、6-5、6-6。

4. 注意事项

由于生殖突起充实, 轮廓明显, 表面紧张有光泽, 富有弹性, 受压时不变形, 受刺激时易充血, 所以鉴别时速度要快, 眼睛要好。

图6-4　抓雏排粪　　　　图6-5　握雏翻肛

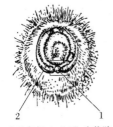

1.生殖突起　2."八"字状襞

图6-6　翻肛鉴别法

七、孵化效果的评价

（一）衡量孵化效果的指标

1. 种蛋合格率

种蛋合格率（%）=合格种蛋数/种蛋总数×100。一般要求在80%以上。

2. 受精率

受精率（%）=受精蛋数/入孵蛋数×100。一般要求达到90%~98%。

3. 受精蛋孵化率

受精蛋孵化率（%）=出壳雏禽数/受精蛋数×100。一般要求大于90%。

4. 入孵蛋孵化率

入孵蛋孵化率(%)=出壳雏禽数/入孵蛋数×100。一般要求在87%以上。入孵蛋孵化率能较好地反映种鸡和孵化车间的综合水平。

5. 死胎率

死胎率=(%)死胎蛋数/受精蛋数×100。以落盘时的未出壳蛋为准。

6. 健雏率

健雏率(%)=健雏数/总出雏数×100。要求大于98%。

（二）孵化效果的检查

1. 各种胚蛋的识别

（1）正常活胚：发育正常的胚胎，照蛋时血管网鲜红，扩散面宽，隐约可见胚胎上浮，可看到明显的黑色眼点。

（2）无精蛋：又叫白蛋。头照时看不到血管和胚胎，气室不明显，蛋黄隐约可见。

（3）弱胚蛋：又叫血蛋。头照时可见黑色血环贴在蛋壳上，可见黑眼点不动，蛋色透明。

（4）死胎蛋：二照时气室小而且不倾斜，边缘模糊，颜色粉红或暗黑，胚胎不动。

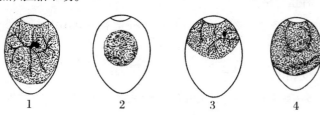

图6-7　鸡胚第一照的发育特征示意图

1.正常活胚　2.无精蛋　3.弱胚蛋　4.死胚蛋

2. 孵化期间种蛋的失重

一般正常时, 1~19天种蛋失重11.5%（雏鸡出壳体重是36克以上）。如果种蛋失重过多, 则孵化率降低, 雏鸡个体小, 弱雏多。

3. 出雏时间和初生雏鸡的观察

（1）正常出雏: 一般21天全部出完, 时间一致, 有明显的高峰期。不正常时, 无高峰期, 持续时间长, 第22天还有未破壳的胚蛋（称为毛蛋）。

（2）初生雏鸡绒毛情况: 健康雏鸡绒毛干燥, 有光泽; 不健康雏鸡绒毛污乱, 无光泽, 绒毛稀疏焦黄, 粘有蛋壳。

（3）脐部愈合情况: 正常时脐部完全愈合, 卵黄吸收良好; 不正常脐部潮湿发青, 愈合不良, 肚大, 卵黄吸收不良, 脐部开口并流血, 腹部残缺。

（4）精神状态: 健康雏鸡精神活泼, 站立稳健, 叫声洪亮, 手握感到雏鸡有力; 不健康雏鸡, 精神不振, 反应迟钝, 叫声无力, 手握无挣扎力。

（5）体形情况: 正常体形长度合适, 体重适宜; 不正常雏鸡可能出现眼瞎脖歪, 喙交叉或过度弯曲等情况。

（三）胚胎死亡原因分析

胚胎死亡在整个孵化期不是平均分布的, 而是存在两个高峰。

1. 第一个高峰在孵化前期

在孵化的第3~5天, 死胚率占全部死亡数的15%左右。见图6-8。

发生原因:

（1）种蛋内部因素, 如种蛋缺乏维生素A、维生素D, 造成胚胎死亡率高。

（2）种蛋贮存时间过长, 存放温度过高或过低。造成很多胚胎在1~2天死亡,剖检时,可见气室大,系带和蛋黄松弛,发育迟缓。

（3）蛋壳破裂,一般第1天死亡的多,剖检时蛋黄膜破裂。

2.第二个高峰在孵化后期（第18天）

死胚率占全部死亡率的50%左右。见图6-8。

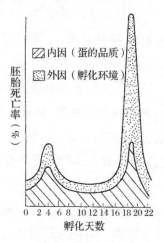

图6-8　孵化前期(3~5天)和孵化后期
(18天)胚胎死亡规律模式图

发生原因:

（1）温度过高,散热不好,使尿囊合拢推迟。胚胎已发育完全但喙未进入气室,剖检时见啄壳时喙粘连在蛋壳上,嗉囊、胃和肠充满液体。雏鸡出壳晚,绒毛粘连蛋壳,肚大。

（2）通风不良,受胎率降低。剖检在羊水中有血液,内脏器官充血,雏鸡在蛋的小头啄壳。

（3）第21天通风不良,易出现雏鸡破壳后死亡。

第七章　蛋鸡生产管理技术

一、雏鸡培育技术

雏鸡在0～6周龄阶段为育雏期。育雏期是蛋鸡生产中相当重要的基础阶段，此期饲养管理的好坏，直接影响雏鸡的生长发育、成活率和产蛋期生产性能的发挥；对种鸡来说，则会影响种用价值以及种鸡群的更新和生产计划的完成。因此，抓好育雏期的培育与管理是发展养鸡业的首要环节。

（一）雏鸡的生理特点

1. 生长发育快

正常蛋用雏鸡初生重为36克左右，6周龄可达385～440克，是初生重的10余倍。因此，在育雏期必须按照雏鸡的营养标准供给日粮，并保证较高的蛋白质和合理的能量水平，及充足的矿物质和多种维生素。否则会导致雏鸡生长发育受阻，以后无法弥补。

2. 体温调节机能差

初生雏鸡的体温比成年鸡低1～3℃，3周龄以后体温调节机能才逐步完善，机体产热机能增强。当绒羽脱换，新羽生长以后体温才逐渐处于正常。因此，雏鸡对环境适应能力很差，既怕冷又怕热，所以要为雏鸡创造一个温暖、干燥、卫生、安全的环境条件。

3. 消化机能不健全

雏鸡的胃容积小，消化能力差。因此，在饲喂上要供给易消化和营养丰富的日粮。

4. 抗病能力差

由于雏鸡对外界环境的适应性差,对各种疾病的抵抗力弱,稍微不注意就会感染疾病,如大肠杆菌病、球虫病和呼吸道疾病等,一旦传播开,很难控制。因此,育雏阶段要严格控制环境卫生,切实做好防疫隔离工作。

5. 胆小,群居性强

雏鸡既喜欢活动,又喜欢群居生活,但外界稍有响声,就敏感惊叫。因此,雏鸡生活环境一定要保持安静,避免噪声或突然惊吓。平时要做好对老鼠、猫、狗、蛇等的预防工作。

6. 羽毛生长更新速度快

雏鸡和育成鸡的羽毛生长极为迅速,在4~5周龄、7~8周龄、12~13周龄、18~20周龄分别脱换4次羽毛。而羽毛中的蛋白质含量高达80%~82%,是鸡肉的3~4倍。因此,蛋用雏鸡对日粮中蛋白质的水平要求较高(尤其是含硫氨基酸水平)。

7. 代谢旺盛

雏鸡由于生长快,因而物质代谢旺盛,呼出的二氧化碳,排出的氨、硫化氢等有害气体也多,所以鸡舍内空气污浊,细菌浓度高,对雏鸡健康影响大。因此,在生产中要搞好通风换气工作。

(二)育雏前的准备

1. 育雏方式的选择

可分为平面和立体笼育雏两种。

(1)平面育雏:包括地面和网上育雏。

①地面育雏:指在室内地面上铺上垫料的育雏方式。垫料厚度为10~15厘米(如锯末、青干草、麦秸等),并要求清洁、干燥、厚度均匀,便于雏鸡活动。

优点:温度稳定而且容易调节,管理方便,节省劳力,室内清洁,育雏效果好。

缺点: 房舍利用率低, 雏鸡经常与粪便接触, 易发生疾病, 如鸡白痢、鸡球虫病等。

②网上育雏: 是将雏鸡饲养在离地面50~60厘米高的网上的育雏方式。所用框架可根据不同条件采用木材或角钢制成。网片可用金属或塑料等材料, 网孔1.25厘米×1.25厘米。热源可用远红外线灯或热风炉。

优点: 便于清粪, 有利于防潮防病。

(2)立体笼育雏(笼育): 是目前国内外普遍采用的育雏方式。常用的有六联电热育雏笼(由6个四层重叠的单笼并联组成)。其型号: 9DL4100; 外形尺寸: 长450厘米, 宽145厘米, 高173厘米; 网孔1.25厘米×1.25厘米。每台育轻型蛋雏鸡800只。喂料和饮水可在栅栏外, 雏鸡可通过栅栏采食、饮水。

优点: 饲养量大, 容易保温, 管理方便。

2. 制订育雏计划

育雏计划包括饲养品种、育雏数量、进雏日期、饲料准备、免疫及预防投药等内容。育雏数量应按实际需要与育雏舍容量、设备条件进行计算, 一般进雏数应包括育雏、育成期的死亡淘汰数。同时也要确定育雏人员。

3. 育雏季节的选择

(1)春季: 气候干燥, 阳光充足, 温度适宜, 雏鸡生长发育好, 并可当年开产, 产蛋量高, 产蛋时间长。

(2)秋季: 气候适宜, 成活率较高, 但育成后期因光照时间逐渐延长, 会造成母鸡过早开产, 影响产蛋量。

(3)冬季: 气温低, 特别是北方地区育雏需要供暖, 造成成本升高, 而且舍内外温差大, 雏鸡成活率受影响。

(4)夏季: 高温高湿, 雏鸡易患病, 成活率低。

所以，育雏最好避开夏冬季节，选择春秋育雏效果最好，但也要考虑市场行情和周转计划。

4. 供暖方式

（1）电热保温伞：由热源和伞罩等组成。热源可采用电热板、远红外线灯管，位于伞罩内的上部。伞罩可用金属板等材料制成，其功能是将热源集中向下辐射。保温伞一般离地面10厘米左右，伞下所容鸡数量可根据伞罩的直径大小而定。见表7–1。

优点：干净卫生，雏鸡可在伞下进出，自由活动。

表7–1 电热伞育雏容纳雏鸡数

伞罩直径（厘米）	伞高（厘米）	15天内容鸡量（只）
100	55	300
130	60	400
150	70	500
180	80	600
240	100	1 000

注：要求舍内温度达到27℃左右。

（2）远红外线灯：一般1个250瓦远红外线灯泡，可供100～250只雏鸡保温。悬挂在离地面35～50厘米高处，开始日龄小，气温低，可悬挂低一些；日龄大，气温高，可悬挂高些。

（3）暖气供暖：优点是冬季育雏效果好，但一次性投资大，成本高，控制舍内温度的能力差，最好配合电热板使用，效果更为理想。

（4）火炕、火墙：火炕是北方寒冷地区养鸡专业户广泛使用的一种供暖方式，火墙也很好。在南方多雨潮湿季节，用火炕或火墙供热效果也不错。

5. 鸡舍及设备的消毒

（1）鸡舍的消毒：一般鸡舍消毒常用3%火碱或0.3%过氧乙酸液喷雾消毒，然后再用甲醛42毫升/立方米、高锰酸钾21克/立方米、水21毫升/立方米，熏蒸消毒24小时。待进雏前3天打开门窗，散发气味。

（2）用具消毒：主要有喂料槽、饮水器、喂料桶等，都应清洗干净，然后再用新洁尔灭水浸泡消毒，最后与鸡舍一块熏蒸消毒。

（3）其他用具准备：主要有水桶、温度计、照明灯泡、药品、疫苗、清扫用具等，都要备好备足，待用。

6. 育雏室预热

在进雏前1~2天应对育雏室进行预热。主要目的是使进雏时的温度相对稳定，同时也检验供温设施是否灵敏，这在冬季育雏时特别重要。这样做也利于将舍内残留的福尔马林气味散出。

（三）雏鸡的挑选和运输

1. 雏鸡的挑选

包括以下4步：

一查：主要了解种鸡场的情况，包括有无传染病的发生、免疫程序和抗体水平、鸡群营养状况、孵化效果等。

二看：主要看雏鸡的精神状态，健康雏鸡活泼好动，羽毛长短适中，清洁干净，眼大有神，腹部松软，卵黄吸收良好，肛门干净，站立行走正常。

三听：主要听雏鸡的叫声，健雏叫声洪亮、短脆，而弱雏叫声低微、嘶哑、无力。

四触：主要是抓握雏鸡，了解发育状况，发育良好的雏鸡，抓在手中感觉有挣扎力。

2. 雏鸡的运输

（1）运输时间：一般雏鸡出壳后8~12小时内运到育雏舍最好。长途运输最好在24~36小时运到，以便按时开食、饮水。如超过48小时，初生雏由于饥饿脱水，强雏变成弱雏，成活率降低。

（2）运输工具：最好用专门运雏箱，纸箱长60厘米、宽45厘米、高20~25厘米，箱内用瓦楞纸分割成4个小格，箱壁都有通风孔。每格装25只雏鸡，一箱可装100只。运输前要熏蒸消毒。

（3）运雏注意事项：

①冬季注意防寒保温，防止雏鸡受凉感冒；运输途中要适当通风；最好在上午10点钟以后运输。

②夏季注意通风、防暑降温，避免曝晒，以免中暑；一般在早晚运输。

（四）雏鸡的饲养管理技术

1. 雏鸡的饲养

（1）饮水（初饮）：

①饮水时间：初生雏鸡进入育雏室半小时后，首先饮水（水温15~18℃），1~2小时后再开食。

饮水，可有利于雏鸡卵黄的吸收、胎粪的排出和体力的恢复，才能维持正常食欲。饮水时，为提高能量，预防消化道疾病的发生，在前5天上午饮5%葡萄糖多种维生素水，下午饮0.1%高锰酸钾水（注意要交叉饮用）。

②饮水方法：在育雏室或育雏笼内，摆放充足的饮水器，并均匀分布。开始有的雏鸡不会饮水或找不到饮水器，需人工帮助：用手握住雏鸡头部，使喙部插入水中2~3次，只要有少部分雏鸡自己饮上水，其他雏鸡也就会跟着饮水。但在初次饮水时，要求每只雏鸡都能喝上水，有个别实在不会的，可用手抓住，用滴管滴饮。

③饮水空间：是指每个不同的饮水器，所容纳雏鸡的数量。一

般根据鸡群大小和日龄来设置饮水器的类型和数量。见表7-2。

表7-2　雏鸡饮水建议空间表

饲养方式	平养（只）		笼养（只）	
周龄	0~4	5~18	0~4	0~18
杯式饮水器	50	25	16	58
乳头式饮水器	20	10	16	8
钟式饮水器	150	75	50	25
水槽（只/厘米）	1.25	2.5	1.2	2.5

④饮水量：雏鸡饮水量，随着体重的增加和环境温度的升高而增加。当气温4℃时，每100只雏鸡，2周龄每天需水3.5升，4周龄为5.3升，8周龄为9.2升；当气温上到30℃时，每100只雏鸡，2周龄每天需水4.7升，4周龄为8.4升，8周龄为14.7升。因此，水的消耗明显受环境温度的影响，在生产中一定要灵活掌握。

（2）开食：

①开食时间：正常情况下，在出雏后24~36小时开食为宜。对于长途运输的雏鸡，在运输途中不能喂料和饮水。

②开食方法：育雏头3天内，将用开水浸泡过的小米均匀地撒在牛皮纸上。雏鸡有好奇性和模仿性，只要有数只雏鸡啄食，其他的就会跟着学。对少数个别不会啄食的雏鸡，要耐心诱导采食。

③注意事项：一是前3天采用23小时光照，1小时（黑暗）休息；二是开食后要检查雏鸡嗉囊，判断是否吃饱；三是育雏前3~5天，每隔3小时饲喂1次，每昼夜饲喂8次。以后随着日龄增加，逐渐减少饲喂次数。3~8周龄，每4小时饲喂1次，夜间不喂料。

④饲喂空间：为保证雏鸡生长发育整齐，必须要有足够的饲槽位置，最好使用喂料器饲喂。

⑤喂料量：为达到不同品种雏鸡的生长发育标准，必须要饲喂营养全面的全价配合料，按正常耗料量饲喂。不同类型雏鸡喂料量，见表7-3。

表7-3 不同类型雏鸡喂料量

周龄	体重（克）	白壳蛋鸡		褐壳蛋鸡	
		日耗料（克/只）	周计耗料（克/只）	日耗料（克/只）	周计耗料（克/只）
1	60	7	49	12	84
2	95	14	147	19	217
3	160	22	301	25	392
4	250	28	497	31	609
5	350	36	749	37	868
6	460	43	1 050	43	1 169

⑥雏鸡日粮营养水平与配方：根据雏鸡生长发育的特点，雏鸡日龄越小，对饲料营养要求越高。关于日粮营养水平与饲料配方，见表7-4。

表7-4 0~6周龄雏鸡日粮营养水平与参考配方

饲料原料	玉米	麸皮	豆粕	进口鱼粉	骨粉	预混料	食盐
比例（%）	65	4	16	10	3.7	1	0.3
营养成分	代谢能12兆焦/千克，粗蛋白质20%，钙1.33%，磷0.75%						

2. 雏鸡的管理

（1）适宜的温度：可以根据季节逐渐降温，夏季每周降3℃，冬季每周降2℃。需要注意，适宜的温度在育雏开始的第1~3周非常重要，要看鸡施温，及时调整，温度计要悬挂在鸡群中央。见表7-5、图7-1。

表7-5 育雏器的适宜温度及高低温极限值

日龄		0~7	8~14	15~21	22~28	29~35	36~42	43~49
适宜温度（℃）		32~35	30~33	28~31	26~29	24~27	22~25	20~22
极限值	高	38.5	37	34.5	33	31	30	29.5
	低	27.6	21.0	17.0	14.5	12.0	10.0	8.5

注：以上温度指距离雏床底面10厘米处的温度。

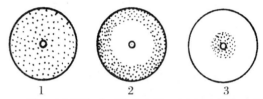

图7-1 雏鸡在不同温度时的分布情况（中间小圈表示光源）

1.温度适宜 2.温度过高 3.温度过低

（2）理想的湿度：适宜湿度56%~70%，第1周可相对高一些，为65%~70%。这样有利于卵黄吸收，维持正常代谢，避免脱水，防止呼吸道疾病，促进羽毛生长。供湿方式包括在育雏室内放水盆，或在地面洒水等。

（3）合适的密度：雏鸡的饲养密度大小，可根据品种、日龄、饲养方式、季节和通风条件进行调节，不能过大也不能过小。过大影响发育，生长不均匀，易发生"啄肛"现象；过小则鸡舍利用率低，成本高。雏鸡适宜密度，见表7-6。

表7-6 雏鸡适宜密度

日龄	笼养（只/平方米）	平养（只/平方米）
0~7	60	40
8~14	40	30
15~21	34	20
22~42	24	14

(4)通风换气:先谈一谈鸡舍内有毒有害气体种类与危害。

①二氧化碳的危害:正常雏鸡舍内空气中二氧化碳含量不能超过8.6%~11.8%。特别是在高温高湿的环境条件下,如果超过17.4%含量,就会引起雏鸡窒息、死亡。

②氨气的危害:正常舍内氨气浓度不超过20毫克/立方米。如果超过时,就会刺激雏鸡感觉器官,降低雏鸡抵抗力,引起呼吸道疾病的发生,降低饲料利用率,影响生长发育;如果持续时间较长,雏鸡肺部发生充血、水肿,鸡新城疫等病感染率高。

③硫化氢的危害:正常舍内硫化氢浓度为10毫克/立方米以下。如果超过此含量,就会使雏鸡中毒死亡。但只要通风良好,一般不会超过此含量。

通风方式:自然通风,即利用前后窗户通风。当氨浓度高,刺激眼睛流泪时,说明浓度要超过20毫克/立方米,应立即打开前后窗户通风。机械通风,即利用机械设备,进行舍内气流交换,是保持舍内空气新鲜的最有效的措施。注意避免贼风:主要防止气流和风速忽大忽小、或高或低。

(5)断喙(切嘴):

①目的:有效防止鸡群啄肛、啄羽、啄趾、啄蛋等恶癖的发生;减少饲料浪费;使鸡群采食速度减慢、均匀,生长发育整齐;减少产蛋期的死淘率。

②断喙时间:蛋鸡一般在6~10日龄进行。如果第1次断喙不理想,可在7~8周龄再断第2次。断喙时要和注射疫苗的时间错开10天以上。

③断喙方法:选择合适的孔眼,例如精密动力断喙器有直径4毫米、4.37毫米和4.75毫米的孔眼,在离鼻孔2毫米处,上喙断去1/2,下喙断去1/3,然后在烧红的刀片上烧烙2~3秒,压平切面边缘,以止

血和破坏生长点,阻止喙外缘重新生长。

④断喙注意事项:断喙前检查鸡群健康无疫情;在断喙前2~3天,每千克饲料中添加2~3毫克维生素K;断喙时刀片的热度600℃,刀片的颜色呈樱桃红色;要求断喙人员必须有足够的经验,而且断喙器的位置要合适,这样才能避免不合格的断喙现象发生。

⑤断喙后的观察:观察鸡群饮水是否正常;发现有流血的雏鸡,应及时重新烧烙止血。注意料槽中饲料应充足。

(6)正确的光照:光照对雏鸡采食、饮水、运动、健康,都有很重要的作用。雏鸡出壳头3天,由于视力弱,为保证采食和饮水,应采用23小时光照,1小时黑暗。0.37平方米光照强度为1瓦。蛋雏鸡4~14日龄光照时间10小时,15~42日龄则为9小时。

(7)逐步脱温(离温):随着雏鸡的长大,育雏器的温度和室内温度不断降低,当降至室内外温差不大时,就可考虑脱温。雏鸡群对脱温有个适应过程。开始白天不加温,晚上给温,经过5~7天鸡群适应自然气温后,就可不再给温。但切忌突然脱温或温差下降过大。否则,鸡群可出现怕冷、相互挤压致死或发生呼吸道疾病等。具体脱温方法要根据鸡的日龄、天气、季节情况等灵活确定。

(五)疾病预防与免疫接种

1. 免疫接种

按时给雏鸡进行免疫注射(见第九章)。

2. 药物预防

为了预防和治疗雏鸡疾病以及营养保健,有时需要给雏鸡投药,投药方法有饲料中拌入或饮水中添加。在饲料中投药时,一定要混合均匀。饮水中添加时要考虑药物的溶解性和水溶液的稳定性,不论投何种药物,一定要准确计算使用浓度和添加量,以防过量引起雏鸡中毒。

3. 搞好卫生防疫

（1）实行"全进全出"的育雏饲养制度：一栋鸡舍只能饲养同一日龄的鸡群，养到转群时应全群转出，避免鸡舍连续使用不能彻底清洗消毒。鸡舍清洗消毒后，空舍2~3周后才能使用，以防止病原微生物发生循环感染。

（2）严格消毒制度：雏鸡的饮水器每天最少要进行1次清洗消毒。食具每天应清除1次，每周消毒2次。育雏舍每周2次带鸡消毒。饲养人员的工作服及鞋、用具等，至少每周清洁消毒1次。

（3）建立隔离制度：发现病鸡，应及时隔离饲养，进行观察和治疗。对死鸡应装入密封塑料袋内深埋或焚烧。

（4）其他：育雏环境应尽量保持安静，不规律的响声会影响雏鸡休息与采食。突然的骚动会造成惊群、相互挤压。育雏舍一般杜绝参观或陌生人进入。

4. 雏鸡死亡原因

由于雏鸡个体小，抗病力差，对外界不良环境的适应能力差，在大群密集饲养条件下，很少能100%成活。造成雏鸡死亡的原因很多，其主要有胚胎发育不良、压死、淹死、中毒、病死、兽害、啄死等，这些都要具体分析，尽量加以避免。

二、育成鸡的饲养管理技术

育成鸡是指7~20周龄的青年鸡，这个时期叫做育成期，又叫青年鸡阶段。

（一）育成鸡的培育目标

1. 良好的健康状况

鸡群适时性成熟，均匀度在80%以上（指鸡群中体重落入平均体重±10%范围内鸡所占的百分比）；生长速度均匀，开产前体况结实。

2. 鸡群的体重和胫长

要求18周龄达到本品种标准，如白壳蛋鸡体重为1.35千克，胫长为98毫米；褐壳蛋鸡体重1.4～1.5千克，胫长为105毫米。

（二）育成鸡的生理特点

1. 对环境具有良好的适应性

育成鸡的羽毛经几次脱换，已经长出成羽，具备了调节体温及适应环境的能力。所以在寒冬季节，只要鸡舍保温条件好（舍温在10℃以上），则不必采取供暖措施。

2. 消化机能提高

对麸皮、草粉等粗饲料可以较好地利用，所以，在饲料中可适当增加粗饲料和一些杂粮类饲料。

3. 骨骼和肌肉的生长速度最快

这一时期，鸡的体重增加较快，如轻型蛋鸡18周龄的体重可达到成年体重的75%，骨骼发育也很迅速。

4. 脂肪沉积能力增强

这一时期，鸡的脂肪沉积能力明显增强了，所以，必须密切注意防止鸡体过肥，否则对以后的生产性能和蛋壳质量会产生不良影响。

5. 母鸡的生殖系统发育较快

小母鸡从第11周龄起，卵泡逐渐积累营养物质，卵泡逐渐增大。18周龄卵泡重量可达1.8～2.3克，快要开产的母鸡卵巢重量达到44～47克为宜。所以在10周龄以后，对光照和日粮应加以控制，蛋白质水平不宜过高，饲料中钙的含量也不宜过多，否则会出现性早熟，提前开产，影响今后产蛋性能的充分发挥。

（三）做好向育成期的过渡

1. 转群

在转群前必须彻底清洗、消毒育成舍及用具。转群时,严格挑选,严格淘汰病、弱、残个体,保证育成率。

2. 脱温

只要育成舍内昼夜温度达到18℃以上,就可脱温,脱温时要求缓慢,但在早春或大风降雨时仍需适当增温。

3. 换料

因雏鸡料与育成鸡料在营养成分上有很大差别,转入育成舍后不能突然换料,而应有一个适应过渡。一般采用"2、4、6、8"的方式进行(如第1天饲喂雏鸡料80%,育成鸡料20%;第2天饲喂雏鸡料60%,育成鸡料40%;第3天饲喂雏鸡料40%,育成鸡料60%;第4天饲喂雏鸡料20%,育成鸡料80%;第5天全部饲喂育成鸡料)。

(四)育成鸡的饲养管理技术

1. 饲养方式

有地面平养、网上平养和笼养。

2. 饲养密度

密度要求适中。密度过大,鸡群拥挤,采食不均,均匀度差;密度小,不经济,保温效果差。所以要有一个合理的密度,见表7-7。

表7-7　育成期的饲养密度

品种	周龄	饲养方式		
		地面平养 (只/平方米)	网上平养 (只/平方米)	笼养 (只/平方米)
轻型蛋鸡	8～12	7～8	9～10	42
	13～18	6～7	8～9	35
中型蛋鸡	8～12	9～10	9～10	36
	13～18	8～9	8～9	28

3. 育成鸡的营养

消化能11兆焦/千克, 粗蛋白质14%~16%, 钙0.9%~1%, 磷0.5%。

4. 育成鸡的限制饲养

（1）限制饲养：指鸡在育成期，为避免因采食过多，造成产蛋鸡体重过大或过肥，应对日粮实行必要的数量限制和质量控制，这一饲喂技术称为限制饲养。限制饲养开始时间：育雏结束后（7~8周龄）开始，到20周龄结束。限饲目的：一是防止体脂沉积过多。一般鸡8~18周龄开始沉积脂肪，实行限制饲养可以降低母鸡腹部脂肪厚度，有利于延长产蛋高峰，从而提高产蛋量。二是防止早熟，提高生产性能。限制饲养可以推迟鸡的性成熟，一般可使性成熟推迟5~10天，这样可减少产蛋初期产小蛋的数量。三是减少产蛋期间死淘率。在限饲期间，由于病、弱鸡不能耐受限制饲养而大部分被淘汰，所以可减少产蛋期的死淘率。限制饲养最终目的是使生长鸡的胫长、体重达到规定标准，培育健康、发育均匀的后备鸡群，为进入产蛋期做好充分的准备。

（2）限饲方法：目前对蛋鸡多采用限量法，就是把每天每只鸡的日粮减少到正常采食量的90%［如正常7~8周龄, 46克/（只·日），限饲喂量为41.4克/（只·日）］。因此，采取该种方法，必须首先掌握每天每只鸡的正常采食量，才能决定正确限饲给料量。

（3）限饲注意事项：正确执行限饲方案。要根据本品种的生长标准、日龄、鸡舍类型、鸡的饲养条件等，合理地制订出限饲计划，并严格执行，才能成功。在限饲期间，每周周末清点鸡群1次，并保证每只鸡的料槽和水槽空间。限饲要注意以下3个问题：第一，预防应激：应激因素很多，如免疫注射、转群、运输、断喙、疾病、高温、低温等，都可影响鸡的采食量，影响生长发育。在这种情况下，不要限饲, 等鸡群恢复正常时, 再实行限饲。第二, 正常限饲标准: 标准为20周龄比不限饲平均体重 (1 500克) 减少10%~20% (即1 350~1 200克)。如果体重减轻至30% (1 050克) 以下, 说明限饲过狠, 将来会影响产蛋量, 死亡率增高。第三, 不可盲目限饲: 如果养鸡场的饲养条件不好, 育成鸡体重较轻, 千万不可进行限饲。还要注意, 如果饲养的是轻型蛋鸡, 这个品种在生长发育和产蛋阶段很少沉积脂肪, 就不要实行限饲, 应按常规饲养至达到标准体重。

(4) 体重测定 (标准体重): 从6周龄后, 每周早晨空腹称重一次, 与标准体重相比, 然后确定鸡只的下一周饲料喂量。体重测量要随机抽样, 万只抽样量1%, 万只以下5%。

(5) 均匀度的合格范围: 均匀度在70%~76%为合格, 77%~83%为良好, 84%~90%为优秀。均匀度的计算方法举例: 5 000只10周龄鸡群平均体重760克, 平均体重±10%范围内鸡的数量是: 760+ (760×10%) = 836克, 760- (760×10%) = 684克; 按照5%的抽样率: 5 000×5%=250只。经过统计: 体重落入平均体重±10%范围内鸡数为198只, 占所称鸡数的79.2% (198÷250=79.2%), 结果表明所测鸡群的均匀度为79.2%。

(6) 影响均匀度的因素:

①鸡群密度过大, 过于拥挤。

②喂料不均匀或不按标准喂料。

③断喙不正确, 每个栏内料槽数量不一致。

④疾病感染, 如鸡马立克病、鸡白痢等。

(7) 提高均匀度的措施:

①分群管理: 将个体较小的鸡挑出, 单独饲养, 增加营养水平, 使其体重迅速增加; 对体重太大的鸡进行限饲, 减缓生长速度, 从而较快提高鸡群的均匀度。

②降低密度：当鸡群的均匀度较低，而又不太好挑鸡时，如网上饲养，就可以通过降低鸡群饲养密度的方法，提高鸡群的均匀度。

（8）控制性成熟：

①目的：性成熟早，鸡群就会开产早，蛋重小，产蛋高峰期短，年产蛋量低，鸡群出现早衰现象；性成熟晚，就会推迟开产时间，年产蛋量更少。控制性成熟，目的是做到适时开产。

②控制育成鸡性成熟的措施如下。

限量饲养：主要采用每天减少饲喂量的方法。一般轻型蛋鸡饲喂量可减少7%～8%，中型蛋鸡减少10%，可达到防止体重增长过快、发育过速、性早成熟、提前开产的目的。

控制光照：密闭式鸡舍，从雏鸡4日龄开始到20周龄，恒定为8～9小时光照；从21周龄开始，使用产蛋期光照程序。开放式鸡舍，只利用自然光照即可。

（9）驱虫：地面饲养的鸡，容易患蛔虫病和绦虫病，应及早预防。一般在2～4日龄易患蛔虫病，可按每千克体重0.25克标准把驱虫灵拌入饲料中驱虫；15～45日龄易患球虫病，可在饲料中拌入克球粉或氯苯胍（按说明书的量），一直饲喂到45天止。15～60日龄易患绦虫病，用灭绦灵按每千克体重0.15～0.2克拌入饲料内驱虫。

（10）免疫注射：按时给雏鸡进行免疫注射（见第九章）。

三、产蛋鸡的饲养管理技术

20～72周龄的产蛋鸡，就进入了产蛋期。这个时期持续一年之久，时间较长，是收获的时间，是关系到养鸡经济效益的重要时期。

（一）产蛋前的准备

上一批产蛋鸡淘汰以后，青年母鸡转入产蛋舍前，要对鸡舍及设备进行彻底清理消毒。

1. 清理消毒程序

喷雾消毒→清理物资→清扫→冲洗→火焰消毒→设备复位→喷洒消毒→空舍10天以上→熏蒸消毒。

2. 鸡群整顿

（1）淘汰不良个体：严格淘汰病、残、弱、瘦、小的不良个体；选择理想的体重和体型，如白壳蛋鸡体重为1.2~1.3千克，褐壳蛋鸡1.4~1.5千克，体型健硕。

（2）驱虫：主要驱除肠道线虫。全群投药（丙硫苯咪唑，每千克体重10毫克），均匀地拌入饲料内。第一次投药后，间隔7天再投第二次。

3. 转群

（1）转群适宜周龄：一般18~20周龄，最晚不超过21周龄。不能过早：过早对鸡生长发育不利，容易出现提前开产现象，而且产小蛋，高峰期的产蛋率维持时间短。也不能过晚：过晚由于鸡群中有部分鸡已开产或接近临产，会影响正常产蛋，而且不能达到理想的产蛋高峰。另外，由于抓鸡和运鸡的应激，会使已开产的鸡中途停产，甚至造成卵黄性腹膜炎，增加死淘率。

（2）转群时间的选择：选择气温适宜的天气进行，避开阴雨天；在炎热的夏天最好在夜间转群，可避免惊群和减少应激。

（二）后备蛋鸡转群前后的饲养管理

1. 转群前的饲养管理

（1）转群前2天内，在鸡日粮中添加抗生素（如土霉素粉300~500克/吨），饮水中添加维生素C、速补14等电解质类药，以及双倍量的维生素（如复合多种维生素，每100千克配合饲料中添加20克）。

126

（2）被转群的鸡当天供给24小时光照，并停料、停水4~6小时，以将剩余的料吃完再转群。

2. 上笼后的饲养管理

（1）继续饲喂育成鸡饲料，并在饲料中拌入倍量维生素（如复合多种维生素，每100千克配合饲料中添加20克）和抗生素（如土霉素粉300~500克/吨）2~3天。

（2）上笼1周后，开始补断鸡喙、接种疫苗、换料、补充光照等措施。

由于转群的应激，在转群后，可能有个别鸡出现拉稀现象，一般在2~3天左右可恢复正常。

（三）开产前后的饲养管理要点

开产前后是指开产的前几周到大约有80%的鸡开产这段时间。为了适应鸡体的生理变化，配合鸡只向产蛋期过渡，应采取以下饲养管理措施。

1. 饲喂

（1）补钙：蛋鸡产蛋量高，需要较高的含钙物质，所以在开产前首先补钙。一般在下午5点左右，除了每天采食的日粮以外，另外每周补喂大颗粒贝壳1次，补喂量为3~5千克/1 000只鸡，连喂3~4周。

（2）日粮的饲喂方法：为了满足鸡的营养需要，从开始产蛋起，让鸡自由采食，一直到产蛋高峰2周后，再按鸡的日采食量饲喂。每天饲喂2次（早晨5~7点，晚上8~9点），但要求在夜间熄灯前必须吃完。

2. 补充光照

一般当产蛋鸡上笼后就开始补充光照，但有一个前提，即要求体重达标后，才能补充光照。一般在20周龄（140天）开始补充。补光幅度一般使用渐进法，每周增加0.5~1小时，一直增加到每天16小时为宜。

3. 更换日粮

一般鸡群在18~19周龄时，产蛋率上升到5%时，开始换成产蛋期日粮。更换日粮时要逐步进行，不要突然更换。

4. 饮水

保证每天供给清洁的饮水。

(四) 产蛋鸡的饲养和管理

阶段饲养的概念：根据鸡群的产蛋率和周龄，可将产蛋期分为几个阶段，并根据环境温度投喂不同营养水平的日粮，这种既满足营养需要又节省饲料的方法，称为阶段饲养。

1. 三阶段饲养法

（1）第一阶段：为产蛋前期（一般20~42周龄）。特点：由于小母鸡一方面要增长体重，另一方面，开产后产蛋率上升很快，绝大部分鸡在20周龄开产到26周龄时达85%左右。同时蛋重从40克增加到56克。如果营养和管理跟不上，不但延误了鸡的发育，而且使蛋鸡的生产性能得不到充分的发挥，这样产蛋高峰很难达到，给以后的生产带来很大的困难。此阶段日粮能量为12.46兆焦/千克，粗蛋白质18%~19%，钙2%，磷0.45%。

（2）第二阶段：为产蛋高峰期（43~58周龄）。特点：现代优良蛋鸡品种，在良好的饲养管理条件下，鸡群80%以上的产蛋率可达1年之久，90%以上产蛋率也可达6个月左右。产蛋高峰是蛋鸡的黄金生产期，这一时期的重点是千方百计地加强营养和管理，使鸡群充分发挥其遗传潜力，以达到理想的生产水平。因此，要满足营养需要，减少应激。此阶段日粮能量为11.9兆焦/千克，粗蛋白质掌握在16%~17%，钙3.5%，磷0.45%。

（3）第三阶段：为产蛋后期（59周龄以后）。特点：产蛋鸡经过较长的产蛋高峰期后,随着日龄的增长,产蛋机能减退,产蛋率降到80%以下,蛋重变大,对钙的吸收能力下降,蛋壳变薄,颜色变浅,发白,破损率明显上升,发生脱肛和腹膜炎的鸡增多。因此,在管理上要调整饲料的营养水平。同时加强管理和防疫工作。此阶段日粮能量为11.97兆焦/千克,粗蛋白质为15%,钙4%,磷0.35%,B族维生素提高到10%~20%,维生素E提高1倍(每千克配合饲料中增加20~30国际单位)。

2. 产蛋鸡的管理

(1)日常管理:观察鸡群,早晨开灯后,观察精神状态、粪便状况;在喂料饮水时,观察其采食量、饮水量;夜间关灯时,倾听鸡群动静,是否有咳嗽、打喷嚏、甩鼻的声音。同时,及时挑出脱肛、啄癖、不产蛋鸡。

(2)四季管理:

①春季管理:春天气温逐渐变暖,日照时间延长,是鸡群产蛋回升的时期,只要加强饲养管理,保持环境稳定,不发病,对全年的高产会起到良好的作用。要注意做好以下工作:搞好通风换气;调整日粮营养,随着气温转暖,鸡的采食量下降,可适当提高饲料中的能量水平;搞好卫生防疫消毒;定期进行药物预防。

②夏季管理:夏季高温、高湿、多雨,因此管理上主要防止高温应激对产蛋的影响。要注意做好以下工作:减少鸡舍受到的辐射热和反射热,可在鸡舍周围植树或搭凉棚,或往屋顶喷水降温;加大鸡舍内的换气量和气流速度,能起到降温作用;降低进入鸡舍的空气温度,可在进风口处设置水帘;及时清粪,因鸡粪含水量高达80%以上,鸡粪蓄积,可使舍内湿度增高,不利于散热;调整日粮浓度,因气温高,鸡采食量减少,应稍微降低能量水平,提高粗蛋白质水平(提高1%~2%);保证有充足的清洁饮水。

③秋季管理：秋季由热转凉，也是母鸡恢复体力，继续产蛋的时期。但是，秋季日照变短，如果饲养管理不当，就会导致过早换羽休产。秋季管理上，应注意以下几点：第一，要注意饲料配方的稳定性和连续性；第二，要及时调整鸡群，对于换羽和停产的低产蛋鸡应尽早淘汰；第三，在产蛋后期，为保持较高产蛋量，可以适当延长光照时间，但最长不能超过17小时/天；第四，秋季昼夜温差大，应注意调节，尽量减少外界环境条件的变化对鸡产生的影响；第五，饲料中经常投放药物（如土霉素粉、瘟毒抗等，具体用量按说明使用），防止疾病发生；第六，及时为冬季防寒做好准备工作。

④冬季管理：冬季气温低，日照短，必须做好防寒保温工作，保证舍温在10℃以上，有条件的，应配备取暖设备；杜绝贼风；提高日粮的能量水平；同时注意补充光照。

（3）蛋重的控制：

①母鸡开产日龄：母鸡开产越晚，产蛋初期和全期所产的蛋就越大。例如，据对法国伊萨褐蛋鸡做的资料统计，开产日龄推迟1天，蛋重平均增加0.15克。因此，目前各养鸡场在育成期利用控制光照和限制饲养技术，来调控鸡的开产日龄，以生产大小适宜的种蛋，且年产蛋量不变。

②开产母鸡的体重：体重不仅是影响产蛋初期蛋重，而且是影响整个产蛋期蛋重的重要因素。所以，母鸡达到性成熟时的体重是一个很重要的因素。也就是说，育成期的饲养管理非常关键，特别是对均匀度而言。

③日粮中亚油酸含量：饲料中亚油酸的主要来源是植物油、红花籽油、玉米油、大豆油和棉籽油。黄玉米是大多数日粮中亚油酸的主要来源，在不降低产蛋率的前提下，添加亚油酸是控制蛋重的有效方法。在产蛋初期，添加亚油酸多的油脂可以增加蛋重，有人在

白来航青年母鸡日粮中分别添加了5%的牛脂(含亚油酸1.73%)和红花籽油(含亚油酸75.5%),使日粮中亚油酸的含量分别达到0.6%和4.3%,从开产开始进行了14周的试验。结果表明,在整个试验期间饲喂高亚油酸日粮的蛋鸡,所产蛋的重量始终高于低亚油酸日粮,其平均值分别为(58.5±2.6)克和(57.3±2.3)克。日粮亚油酸水平对产蛋率没有显著影响。

④日粮中能量水平:后备母鸡的生长,对日粮的能量浓度变化极为敏感,其中以14~20周龄的生长鸡,受能量进食量的影响最大。提高能量、进食量就能育成体重较大的母鸡,而开产体重为决定蛋重的重要因素。在产蛋期无论轻型蛋鸡,还是中型蛋鸡,每只每天的代谢能需要量分别为11.72~12.55兆焦/千克和13.39~14.64兆焦/千克(这是在理想条件下,舍温20℃左右)。如果蛋鸡每天的能量进食量低于上述数值的低限,产蛋量和蛋重均会受到影响。

⑤日粮中蛋白质水平:蛋白质进食量,是影响蛋重的主要营养因素。实验结果表明,当产蛋鸡的早期体重低于标准体重时,如果增加蛋氨酸的添加量(如伊萨褐壳蛋鸡每天每只由410毫克增加到450毫克),就有助于提高蛋重。总之,蛋重是一个可调控的生产指标,主要调控措施是:第一,控制母鸡的开产日龄;第二,保证开产母鸡的标准体重;第三,保证饲料中的亚油酸含量;第四,保证产蛋母鸡每天的能量进食量;第五,保证产蛋母鸡每天的蛋白质进食量。

(五)产蛋曲线

鸡群在整个产蛋期内,产蛋率的变化有一定的规律性:鸡群开产后,最初5~6周内产蛋率迅速增加,到达一个高峰后,则平稳地下降至产蛋末期。把每周的母鸡日产蛋率的数字标在图纸上,将多点连接起来,形成一条曲线,就叫做产蛋曲线。

1. 产蛋曲线的特点

开产后产蛋迅速增加,此时产蛋率每周成倍增加,如5%、10%、20%、40%,到达40%后则每周增加20%左右,如40%、60%、80%,在第6周或第7周,达产蛋高峰(产蛋率达90%以上)。产蛋高峰一般维持3~4周。高峰过后,曲线下降十分平稳,呈一条直线。标准曲线每周下降的幅度是相等的,一般每周下降0.5%~1%,直到72周龄产蛋率下降至65%~70%。

2. 影响产蛋高峰的因素

(1)遗传因素:产蛋下降幅度受遗传因素影响,如纯繁种母鸡下降幅度快,商品杂交蛋鸡下降慢。

(2)不同品种(系)因素:因品种不同而有一定的差异。例如,白壳蛋鸡产蛋高峰维持时间长,下降幅度也慢;褐壳蛋鸡产蛋高峰维持时间短,下降幅度稍快。

(3)饲养管理因素:如果饲养管理好,鸡群的实际生产水平与标准曲线相同或相近;如果饲养管理比较差,鸡群遭受应激或环境温度过高,则实际产蛋率每周下降幅度就大于标准下降幅度。

3. 鸡群产蛋曲线出现波折与补偿的关系

(1)不能达到标准产蛋高峰:如鸡群在产蛋过程中由于受严重应激、疾病,致使产蛋不能保持正常水平而迅速下降,这就使产蛋曲线出现了波折,常需几天或几周才能恢复正常。如果这种情况发生在高峰阶段的前5~6周时(刚开产鸡产蛋率逐渐上升的时候,影响极为严重),鸡群就绝不会再达到标准产蛋高峰,损失的蛋再也无法补回来。见图7-2。

(2)能达到标准产蛋高峰:如果波折出现在产蛋高峰过后(也就是产蛋的中后期),年产蛋量所受到的影响往往不像产蛋上升阶段出现波折那样严重。经过及时采取补救措施,鸡群还可能达到标准产蛋率。

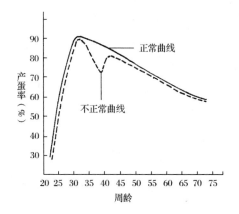

图7-2　正常产蛋曲线和产蛋曲线出现波折示意图

（六）*产蛋期常见问题的处理*

1. *产蛋量突然下降*

（1）产蛋鸡同时休产：产蛋母鸡在连续几个产蛋日后，就会休产1天。在鸡群产蛋处于平稳的状态下，如果某一天休产的鸡突然增多，就会出现产蛋量突然下降的现象，但一般会在很短的时间内，就会恢复到原有的产蛋水平。

如果由于环境、饲料或管理等方面出现问题，造成产蛋率突然下降，则鸡群的产蛋量往往需要一段时间才能恢复到正常水平，有时可能难以恢复到正常水平。

（2）环境影响：

①通风不足：尤其是密闭鸡舍为了保温，往往忽视通风，舍内有害气体含量增多，造成鸡群产蛋率急剧下降15%~20%，一般需1~2个月才能恢复。

②光照程序突然变化：突然停光或减少光照、降低光照强度

等,都会造成鸡群产蛋量突然下降。

③环境温度:鸡群突然受到高温或寒流的袭击,以及长时间高温或低温,采食量都会突然下降。

(3)管理方面的影响:

①饲料及饲喂:配方突然改变,饲料中钙和盐的含量过高或过低等,连续几天喂料量不足,均会造成鸡群产蛋量突然下降。

②饮水:如果供水系统发生故障,造成断水,或长时间饮水不足,都会造成产蛋量突然下降。

③应激:饲养员的工作服突然改变或操作规程发生改变,异常的噪音,陌生人或老鼠、猫、犬等进入鸡舍,免疫注射或用药不当都会造成应激,使产蛋量突然下降。

④疾病的影响:鸡患了传染性疾病,会使鸡群产蛋量突然下降,而且很难恢复到原来的水平。如鸡新城疫时,产蛋率可从90%下降到20%~40%;发生禽流感,可从90%下降到10%。

2. 啄癖的发生及预防

(1)原因:

①品种:具有神经质的轻型蛋鸡,比其他蛋鸡品种啄癖的发生率高。

②饲料和饲喂不当:饲料中能量过高,母鸡过肥,因难产而造成脱肛,发生啄肛癖;氨基酸不平衡,尤其是饲料中缺乏含硫氨基酸,会导致羽毛发育不全,皮肤外露,容易发生啄羽癖;矿物质缺乏,如钙磷比例不当,容易造成啄蛋癖;限饲、强制换羽或者料槽空的时间太长,造成鸡群饥饿,也会诱发啄癖。

③管理有误:鸡群密度太大、光照太强,都容易产生啄癖。个别鸡出现外伤,一旦出血,其他鸡就会追啄。

④疾病:体外寄生虫过多,引起自啄,也会引来其他鸡追啄。另

外，大肠杆菌、沙门菌等病原，引起鸡群拉稀，导致个别鸡发生脱肛，而引发啄肛癖。

（2）防治措施：

①加强管理：如适时断喙、降低密度、加强通风、平衡营养、限制光照、注意观察。

②供给全价营养：在饲料中加入1%的硫酸钠或硫酸钙，连喂7天，以后改为0.2%的比例，长期饲喂；也可在饲料中加入1%的羽毛粉。

四、蛋用种鸡的饲养管理技术

为了提高种蛋受精率和种蛋合格率，繁殖、提供更多的健康母雏，加强蛋用种鸡的饲养管理就显得十分重要。

（一）后备种鸡的饲养管理

1. 饲养方式与饲养密度

（1）饲养方式：目前一般多采用网上和笼养2种方式，这样做便于防疫、免疫注射。

（2）饲养密度：见表7–8、7–9。

表7–8　育雏育成期不同饲养方式的饲养密度

品种	周龄	饲养方式		
		地面平养 （只/平方米）	网上平养 （只/平方米）	四层重叠式笼养 （只/平方米）
轻型蛋鸡	0~8	13	17	
	9~20	6	8	
中型蛋鸡	0~7	11	15	
	8~20	6	7	

表7-9 笼养(重叠式)的饲养密度

蛋种鸡类型	周龄	饲养只数(只/组)	四层重叠式笼养(只/平方米)
轻型蛋鸡	1~2	1 020	74
	3~4	1 010	50
	5~7	1 000	36
中型蛋鸡	1~2	816	59
	3~4	808	39
	5~7	800	29

2.防疫卫生

(1)卫生管理:

①鸡舍的消毒:在进雏或转群前,必须对鸡舍进行彻底消毒,并要对消毒效果进行监测。

②环境要定期消毒:要坚持进行,特别是春、秋季节。

③带鸡消毒:从育雏的第2天开始,就要进行带鸡消毒,一般雏鸡要求隔日1次或每周2次;育成阶段每周消毒1次。

④消毒药的选择:一般选择作用时间长、刺激性较小的药物,最好选择两种(例如,0.5%过氧乙酸和0.5%百毒杀),以防产生耐药性。

(2)光照管理:见表7-10。

表7-10 密闭式种鸡舍光照管理方案

周龄	光照时间(小时/天)	周龄	光照时间(小时/天)
0~3天	24~23	23	12
4天~19周	8~9	24	13
20	9	25	14
21	10	26	15
22	11	27~72	16~17

表7-11　开放式鸡舍光照管理方案

周龄	光照时间（小时/天）	周龄	光照时间（小时/天）
0~3天	24~23	20~64	每周增加1小时，直到达16~17小时/天
4天~7周	自然光照	65~72	
8~19周	自然光照		

（3）体重与跖长：鸡的体重是在整个育成期不断增加的，直到产蛋期36周龄时达到最高点；而骨骼是在最初的10周龄内迅速发育，到20周龄时全部发育完成。见表7-12。

表7-12　迪卡褐与海兰W-36褐壳蛋鸡不同周龄的体重和跖长标准

周龄	体重（克）		跖长（毫米）	
	迪卡褐	海兰W-36	迪卡褐	海兰W-36
8	600	550	78	76
10~20	780~1 650	740~1 320	87~107	87~99

（二）蛋用种鸡产蛋期的饲养管理

1. 平养种鸡的饲养管理

（1）转群时间：要求开产前1~2周转入产蛋鸡舍，目的是减少窝外蛋、脏蛋、踩破蛋等，从而提高种蛋合格率。

（2）公母比例：轻型蛋种鸡公母比例为1∶12~1∶5，中型蛋种鸡为1∶10~1∶12。

（3）适宜配种时间：饲养到18周龄开始按比例公母混群饲养，以保证开产前公母鸡相互熟悉，公鸡建立群体位次。混合时间一般多在晚上进行，以减少应激。捡种蛋时间：从产蛋到25周龄开始收集种蛋。

（4）控制开产日龄：开产早，产小蛋，小于50克的蛋不能做种蛋用，况且开产早.停产也早。所以必须控制种鸡开产日龄，一般要求比商品蛋鸡晚开产1~2周。

2. 笼养种鸡的饲养管理

种母鸡一般2层笼养，主要便于人工授精。公母分笼饲养。公母比例1∶35~1∶40。公鸡饲喂公鸡料，母鸡饲喂母鸡料。

3. 提高种蛋合格率的措施

（1）品种：有些种蛋品质的改变与遗传因素有关，如肉斑、血斑及各种畸形蛋等。所以，选择种蛋时应选择肉斑率、血斑率及畸形蛋比例低的品种做种用。

（2）增加拣蛋次数：每天应拣蛋4次以上。

（3）年龄：年龄较大的鸡所产的蛋，蛋重大，蛋壳品质差，破损率高，种蛋合格率低。因此，种母鸡一般使用到64~66周龄就要淘汰，否则，就要进行强制换羽。

（4）减少种蛋的破损和污染：供给全价日粮，在满足能量和蛋白质要求外，还必须保证钙、磷、锰、维生素D_3的供应，从而提高种蛋合格率。必须按照操作规程严格进行消毒。

（5）检疫与疾病净化：主要对经蛋垂直传播的疾病，按要求进行检疫和净化，如鸡白痢、大肠杆菌病、白血病、支原体病、鸡脑脊髓炎、马立克病等。通过检疫淘汰阳性个体鸡，就能大大提高种蛋质量。不论哪一级的种鸡场都要检疫，且要年年进行，才能有效提高鸡群及其后代的健康水平。蛋鸡场的商品雏鸡，一定要从卫生条件好、种鸡检疫严格的种鸡场购买。

（三）种公鸡的饲养管理

1. 繁殖期种公鸡的营养

平养时，应让公母鸡单独采食，为了不让母鸡吃上公鸡料，可将喂料桶吊高，让母鸡吃不到。

（1）能量与蛋白质的需要量：代谢能为10.8~12.13兆焦/千克，

粗蛋白质12%~14%，氨基酸必须平衡，因此，在日粮中最好加日粮的2%~3%进口鱼粉。

（2）维生素的需要：每千克日粮中，维生素A 10 000~20 000国际单位，维生素D 3 220~3 850国际单位，维生素E 22~60毫克。具体应用时，可参考育种公司提供的标准。

2. 种公鸡的管理技术

（1）剪冠：由于种公鸡的冠大，既影响视线，妨碍活动、采食、饮水和配种，也容易受伤。所以，对种公鸡要进行剪冠。另外，在引种时，为了便于区别公母鸡也要剪冠。

剪冠方法：有两种，北方地区，一般在雏鸡雌雄鉴别完后，用手术剪剪去雏公鸡鸡冠的上2/3即可；南方地区，由于气候炎热，只把冠齿剪去即可，以免影响散热。

（2）断喙、断趾和戴翅号：

断喙：凡是人工授精的公鸡都要断喙，目的是减少育雏、育成期鸡的死亡（因容易发生啄癖，造成死亡增多）。

断趾：凡是自然交配的公鸡都要断趾，但不断喙。目的是在配种时，防止踩伤或抓伤母鸡。

戴翅号：引种时，各亲本公母雏鸡都要佩戴翅号，目的是长大后容易区别，特别是白羽蛋鸡，如果混杂了，后代就无法自别雌雄。

（3）单笼饲养：为了避免群养的公鸡相互争斗、爬跨等造成的应激，影响精液数量和品质，在繁殖期人工授精的公鸡要单笼饲养。

（4）温度和光照：

温度：成年公鸡最适宜的温度是20~25℃，此时可产生理想的精液品质。温度高于30℃，或低于5℃时，可抑制精子的产生和使性活动降低。

光照：正常光照时间为12~14小时/天，可生产优质精液，如果少于9小时，精液品质明显下降。光照强度为10勒克斯（相当于40瓦灯泡），就能维持正常生理活动。

（5）体重检查：应每月检查1次，凡体重降低在100克以上的公鸡，应停止采精，并单独饲养，以使其尽快恢复体质。

（四）鸡的强制换羽技术

1. 强制换羽

通过对鸡限制饲料和饮水，减少光照时间，或喂给促进换羽的药物等，强制使母鸡的羽毛脱换，叫做强制换羽。这样做能克服自然换羽时间过长的现象，便于鸡群管理。

2. 强制换羽的意义

（1）节省饲料：可减少培育新母鸡的费用。正常培育一只新母鸡达到产蛋50%时，需要150天，而采用强制换羽时，需要60天就能达到50%的产蛋率；再加上强制换羽的10天不喂料，因此，可节省100天的饲料费用。

（2）可以改善蛋壳质量，减少蛋的破损：实践证明，采用强制换羽技术后，鸡的蛋壳质量显著改善，大大降低了破损率。

（3）提高第二个产蛋期的产蛋量：自然换羽的鸡群，一般换羽后第二个产蛋高峰期来得迟，高峰期产蛋率也较低；而强制换羽的鸡群，换羽快，第二个产蛋高峰来得早，高峰期产蛋率也高，蛋的重量也大。

（4）强制换羽对种鸡的好处：有利于种鸡的后裔测定，测定时间越长，对种鸡的评定就越可靠。第一年产蛋量高的鸡，第二年蛋量也高，因此强制换羽能更有效地利用种鸡，特别是种用价值高的鸡。同时可以把那些病、残、弱及低产鸡淘汰。特别是有病看不出来的鸡，往往耐受不住换羽的应激，在此期间死掉，所以一些育种公司往往把种鸡的强制换羽作为净化鸡群的白血病、鸡白痢、支原体病等疾病的一项措施。

3. 强制换羽的方法

（1）畜牧学方法：停水、停料2天（夏天停1天）。此后，在开始的前2~3天，每天给鸡喂1次石粉或贝壳粉，每次喂给3~4克，以防产软壳蛋。从第3天起，恢复给水。随季节不同，断料7~12天（夏天断料时间长一些，冬天可短一些）。

（2）化学方法：通过采食一定数量的化学制剂，使鸡的新陈代谢紊乱，内部功能失调，使母鸡停产换羽。如第1天在日粮中添加2%的硫酸锌，让鸡自由采食；第2天采食量就可下降一半，7天后下降为正常采食量的20%，其体重也迅速减轻；第6天体重就可损失30%；从第8天开始，喂给普通日粮。这种方法不停料、不停水。开放鸡舍可以停止补充光照，密闭鸡舍由原来每天16小时光照减为8小时，以后再恢复到16小时光照。

（3）饥饿—化学方法：给鸡停水、停料2~3天，停止人工光照，然后开始给水；第3天让鸡自由采食含2%硫酸锌的饲料，连喂7天，一般10天后全部停产，这时可恢复光照。换羽20天后，母鸡开始产蛋。这种办法换羽快，停产期短，恢复产蛋快，但换羽不彻底，产蛋率下降快。

（4）激素方法：给每只鸡注射睾丸酮2 500国际单位和5毫克甲状腺素，促使产蛋母鸡换羽。但在生产中很少应用。

4. 强制换羽应注意的事项

（1）选择换羽时间：换羽最好在秋冬之交进行，换羽效果最好。

（2）严格挑选：强制换羽前先及时淘汰病、弱、残鸡，以免增加换羽期的死亡率。

（3）换羽期注意鸡群死亡率：一般来讲，第1~5周死亡率不能超过1%~2.5%，第8周死亡率不能超过3%。

（4）重新进行免疫：由于强制换羽延长了鸡的存活期，上一个产蛋期使用的疫苗保护期已消失，必须重新免疫。

（5）公鸡不换羽：因为公鸡换羽会影响精液品质。

（五）提高种蛋合格率的措施

1. 饲喂全价日粮

在种鸡饲料中，除了满足能量和蛋白质的需要以外，更要注意影响蛋壳质量的维生素和矿物质元素的添加，尤其是钙、磷、锰、维生素D_3。通过提高营养水平，可以有效地降低破蛋率，使种蛋合格率得到提高。一般破蛋率应控制在2%以下。

2. 科学的饲养管理

在生产中除了日常管理以外，还要加强饲养人员对种蛋收集和管理的责任心。为降低破蛋率，在生产中一般把破蛋率定为衡量饲养人员工作质量的指标之一，收集的种蛋分别统计记录，以促进破蛋率的降低。例如，增加拣蛋次数，上午至少应拣蛋3次，下午也要拣蛋2次以上。

饲养人员在管理过程中，要注意维持鸡群的健康，避免"炸群"。鸡群一旦发病，畸形蛋、软蛋比例就会增加；产蛋期间尽量减少预防免疫的次数，降低免疫注射和炸群造成的应激反应，以降低软皮蛋的比例；尽量减少双黄蛋，双黄蛋一般多在产蛋初期出现，主要是初产母鸡生殖机能亢进所致，也与光照制度、初产体重、饲料营养、饲喂量、环境因素、初产日龄等有关，为了减少双黄蛋，种鸡在育成期一定要按照标准饲养，使开产体重、日龄、体尺（跖长）等项目都达到相应标准的要求。

3. 提高初产时种蛋合格率

由于刚刚开产的母鸡一般产的种蛋都较小，以后随着鸡的日龄增长种蛋才逐渐增大。因此，推迟性成熟期，使初产蛋增大，就能提高种蛋合格率，增加经济效益。

4. 选择合格、标准的蛋鸡笼

蛋鸡笼标准要求是底网弹性要好；镀锌冷拔丝直径不超过2.5毫米；笼底蛋槽的坡度不大于8°；每个单体笼装鸡不超过3只，每只鸡占笼底面积不小于400平方厘米；焊接点处不能有焊接的痕迹。优质鸡笼的破蛋率很低，一般可控制在2%以内，有些价低质差的鸡笼破蛋率可超过5%。所以，选购优质的养鸡设备也是提高种蛋合格率的重要因素。

5. 提高种蛋受精率

提高种蛋受精率是提高种蛋合格率的有效措施。具体方法有：选择繁殖力强的公鸡，公鸡的利用年限要合理，种鸡采用适宜的公母比例，推广应用人工授精技术。

在进行人工授精时，掌握好正确的输精姿势、准确的输精部位和输精深度、适宜的输精间隔时间，一般可使受精率达到93%以上，最高可达到98%。此外，翻肛人员不要过度挤压母鸡的腹部，以防卵黄破裂，引起卵黄性腹膜炎，尤其是对初产母鸡，不能让新手翻肛。

第八章 蛋鸡场废弃物的处理

目前,我国各级政府和有关部门以及广大人民群众,对整治环境污染问题越来越重视,而大型规模化蛋鸡生产容易形成引起公害的各种废弃物。如何使这些废弃物既不对场内形成危害,也不对场外环境造成污染,同时还能够适当地加以利用,这是蛋鸡场应当妥善解决的一项重要任务。

一、蛋鸡场污染物的种类

蛋鸡场产生的污染物,种类很多。例如,大量带有臭味、灰尘、粉尘的污浊空气,噪音,场内滋生的昆虫等,都需要加强防范和治理;此外,还有一些废弃物需要很好地管理,如孵化废弃物、鸡粪、死鸡、污水等。

二、孵化废弃物的处理

孵化的废弃物有无精蛋、死胚、毛蛋、蛋壳等,这些废弃物在适宜的温度下,容易滋生苍蝇、蚊子等有害昆虫。因此,应及时处理。一般处理方法:对无精蛋常用于加工食品;死胚、毛蛋、死鸡等,可烘干制成干粉,蛋白质含量可达22%~32%,可代替肉骨粉与豆饼;蛋壳可制成蛋壳粉,为蛋鸡提供钙质饲料(应注意做好病原和其他有害物检查)。这些废弃物必须通过高温灭菌,方可利用。没有加工和灭菌条件的小型孵化厂,每次出雏的废弃物必须尽快进行深埋或焚烧处理。

1. 焚烧

采用焚烧炉烧掉。焚烧炉温度要求达到870℃以上，有资料报道，一般每焚化45.41千克废物，所剩下的灰渣要少于91克。

2. 坑埋

坑埋要求深度不得少于1.8米，但一定要保证环境安全；也可采用密封沤肥。

3. 氧化池发酵

将废物用粉碎机磨碎，同时使用曝气塘和净化池组成处理系统，净化后的液状物可做肥料。但此法用水量大。

三、鸡粪的收集与利用

（一）鸡粪的收集

1. 干粪收集

干粪一般来源于高床鸡舍，平时不清粪，当鸡群淘汰或转群后一次全部清除。这种高床饲养方式，由于强制通风，水分蒸发多，比较干燥，基本能防止污染，减轻或消除臭味，所以不需要经常清粪。但地面处理一定要好，能防止水分的渗漏，管理要好，供水系统不能漏水或溢水。

2. 稀粪收集

稀粪一般来源于设有地沟和刮粪板的鸡舍，或者设有粪沟，用水冲洗的鸡舍等。稀粪可以通过管道或抽送设备进行运送，需用人力较少。如果有足够的农田施肥需求，这些稀粪利用比较经济。稀粪有臭味，鸡舍内易产生氨与硫化氢等有害气体，还能污染地下水，含水量高的稀粪处理时消耗能量较多。

（二）鸡粪的利用

1. 鸡粪的肥效

新鲜鸡粪各种养分含量分别为: 水分50.5%, 有机质25.5%, 氮1.63%, 磷1.54%, 钾0.85%。其中氮素中主要以尿酸为主, 但尿酸盐不能被植物直接吸收利用, 而且对植物根系生长有害, 因此, 有条件的应进行发酵后施用。

2. 鸡粪的产量

每天鸡粪的产量, 相当于每天鸡采食饲粮量的110%~120%, 其中含有固体物25%左右。每只鸡每年平均产鲜粪41.4千克, 每万只鸡平均每年产鲜粪414吨。

3. 鸡粪的利用

（1）直接施用农田: 新鲜鸡粪可以直接施用, 但用量不可过多, 因鸡粪中有20%的氮和50%的磷能直接为植物利用, 其他部分有机分子必须经一个长时间在土壤中由微生物分解后, 才能逐渐为植物所利用。因此, 鸡粪既是一种速效有机肥, 也是一种长效有机肥。一般10万只蛋鸡鸡粪可为46万平方米农田施肥。

（2）堆肥: 是指利用好气微生物, 控制好它参与活动所需要的水分、酸碱度、碳氮比、空气、温度等各种条件, 让这类微生物大量繁殖, 分解鸡粪中各种有机物, 并进行充分发酵的过程。鸡粪在堆肥过程中能产生高温, 4~5天后温度可升至60~70℃, 2周即可达均匀分解、充分腐熟的目的。这种堆肥的施用量, 可比新鲜鸡粪多4~5倍。进行堆肥发酵, 占地面积较大, 如堆肥高1.5米, 10万只蛋鸡需用1万平方米做堆肥场。

（3）干燥: 鸡粪用自然干燥或用干燥机烘干制成干粪, 可更好地保存鸡粪中的养分, 可做果树、蔬菜的优质肥或动物的饲料。目前我国已研制出各种干粪处理办法, 既改善了养鸡场的环境条件, 又为养鸡场增加了收入。

4. 鸡粪作为饲料的利用价值

干的鸡粪中含有1/3的粗蛋白质、22.5%淀粉、26%粗灰分和10%的粗纤维,还含有胱氨酸、亮氨酸、甘氨酸与赖氨酸等,是反刍动物的好饲料。但由于鸡粪中存在抗生素、重金属等残留,加上有一些疾病在动物之间的相互传播,所以目前国际上对于鸡粪作为饲料的利用比较谨慎。

四、蛋鸡场污水处理

蛋鸡场每天排出的污水很多,这些污水中含有固形物(磷、氮、难降解的有机物、无机盐等),含量占1/10~1/5不等,如果不进行处理,这些固形物可污染环境或地下水。所以必须对蛋鸡场污水进行适当处理,处理方法如下。

(一)沉淀法

建立不渗漏的沉淀池,利用沉淀法可将污水中的固形物除去。原理是利用重力的作用,比重大于水的固形物逐渐下沉与水分离,这是一种净化污水的有效手段。经实验证明,将鸡粪以3:1的比例用水稀释,放置24小时,其中80%~90%的固形物沉淀下来。这充分表明,沉淀可以在较短的时间去掉高比例的可沉淀固形物。将这些固形物分离出后,集中成堆,便于贮存,同样可做堆肥处理。而粪液上边液体中的有机物含量下降,可用于灌溉农田或排入鱼塘养鱼。目前,常用的方法有两种:

1. 平流式沉淀池法

该池为长方形,污水在池一端的进水管流入池中,经挡板后,水流以水平方向流过池面,粪便颗粒沉于池底,澄清的水再从池的另一端的出水口流出。池底设成1%~2%的坡度,前部设一个粪斗,沉淀于池底的固形物可用刮板刮到粪斗内,然后将粪斗内固形物倒在地面上堆积。

2.竖流式沉淀池法

该池为圆形或方形,污水从池内中心管下部流入池内,经挡板后,水流向上,粪便颗粒沉淀的速度大于上升水流速度,将粪便颗粒落于池底的粪斗中,澄清的水再从池的另一端的出水口流出。

(二)生物塔过滤法

生物塔是依靠滤过物质附着在多孔性滤料表面,来分解污水中的有机物。通过这一过程,污水中的有机物既过滤又分解,使浓度大大降低,可得到比沉淀更好的净化程度。国外有的养鸡场每座生物滤塔每天可处理55万升污水。

第九章 蛋鸡场疫病综合防控

现代蛋鸡场的规模和饲养密度都比较大，如果饲养条件差，疫病流行，鸡群的死淘率上升，蛋鸡生产水平下降，经济效益必然会大幅下滑。因此只有高度重视和认真做好养鸡场的鸡病防控及卫生防疫工作，才能保证蛋鸡生产安全、顺利地进行，并获取较大经济效益。

一、制定疫病综合防控措施的原则

（一）树立明确的防疫意识

我国现代蛋鸡生产面临严重的饲养环境污染和鸡只的频繁流通，存在新的疾病出现和流行、饲养条件和管理不完善等许多问题，所以生产经营者必须树立较强的防疫意识，做到"在防疫中求生存，在竞争中求发展"。

（二）始终贯彻以"预防为主"的方针

现代蛋鸡生产规模大，传染病一旦发生或流行，给生产带来的损失非常惨重，特别是那些传播性较强的疾病（禽流感、新城疫等），发生后蔓延迅速，有时甚至来不及采取相应措施就已经造成大面积扩散。因此，必须始终坚持"预防为主"的原则。同时加强畜牧兽医人员的业务素质和职业道德教育，改变重治轻防的传统防疫模式。

（三）采取综合防控措施

应建立安全隔离条件、消毒设施，切断传播途径，做好免疫接种,减少易感禽群;加强饲养管理,提高鸡体抗病能力,保障鸡群健康。

(四)坚持依法防疫

控制和消灭鸡的传染病,不仅关系到蛋鸡生产者的经济效益,而且也关系到国家的信誉和人民的健康,必须坚决贯彻执行国家制定的各项法律、法规,做到依法防疫。

(五)坚持科学防疫

1. 做好鸡传染病的流行调查和监测

由于不同传染病在时间、地区及鸡群中的分布都有一定差异,所以,要结合当地情况,进行鸡病流行情况的调查和研究,并制定适合本地区或本养鸡场的防控计划和措施。

2. 抓住不同传染病流行的主导环节

传染病的发生和流行都离不开传染源、传播途径和易感动物这3个基本环节,在具体实施和执行综合性防控措施时,必须考虑不同传染病的特点,抓住主导环节,切断疾病流行。

二、蛋鸡场的消毒

消毒是杀灭环境中的病原体,切断传播途径,防止传染病传播和蔓延的最有效的措施。

(一)消毒的方法

可分为物理消毒法、化学消毒法和生物热消毒法3种。

1. 物理消毒法

通过机械性清扫、冲洗、通风换气、高温、干燥、照射等物理方法,对环境和物品中的病原体进行清除或杀灭。

2. 化学消毒法

在疫病防控过程中,常利用各种化学消毒剂对病原微生物污染的场所、物品等,进行清洗、浸泡、喷雾、熏蒸,以达到杀灭病原体的目的。在蛋鸡饲养中常用的化学消毒剂有酚类、醛类、醇类、酸类、碱类、氯制剂、氧化剂、碘制剂、重金属盐和表面活性剂等。实践中必须认真选择适用的消毒剂。优质消毒剂的特点是消毒力强,药效迅速,消毒作用广泛,渗透力强,对环境污染小,对人、禽安全,经济。

3. 生物热消毒法

通过堆积发酵、沉淀发酵、沼气池发酵等产热或产酸,以杀灭粪便、污水、垃圾及垫草等内部病原体。在发酵过程中,由于粪便、污物等内部产生的热量可使温度上升到70℃以上,经过一段时间作用后,可有效杀死病毒、细菌、寄生虫卵等病原体。发酵过程还可提高粪便的肥效,所以生物热消毒法应用非常广泛。

(二)消毒的程序

1. 鸡舍的消毒

鸡舍消毒是清除上一批蛋鸡饲养期间所积累的污染物,以便使下一批鸡开始生活在一个洁净的环境里。以"全进全出"制生产系统中的消毒为例,空舍消毒的程序通常为:粪污清除—高压水枪冲洗—消毒剂喷洒—干燥后熏蒸消毒或火焰消毒—再次喷雾消毒—清水冲洗,晾干后方可进鸡。

(1)粪污清除:当鸡全部出舍后,先用消毒液喷洒,再将鸡舍内的粪便、垫草、顶棚上的蜘蛛网、尘土等清扫干净。对平养地面的鸡粪,可预先洒水,软化后再铲除。为方便冲洗,可先对鸡舍内部喷雾,润湿舍内四壁顶棚及各种设备的外表。

(2)高压冲洗:清除清扫后舍内剩下的有机物,以提高消毒效果。冲洗前先将非防水灯头的灯用塑料布包严,然后用高压水龙头冲洗舍内所有的表面,不留残留物。彻底冲洗后可显著减少细菌数,起到事半功倍的作用。

（3）干燥：喷洒消毒药一定要在冲洗并充分干燥后再进行。干燥可使舍内冲洗后残留的细菌数进一步减少，同时避免在湿润状态下使消毒药浓度变稀，降低灭菌效果。

（4）消毒剂：用电动喷雾器喷洒消毒剂，其压力应达30千克/平方厘米。消毒时应将所有门窗关闭。

（5）甲醛熏蒸：鸡舍干燥后进行熏蒸。熏蒸前将舍内所有的孔、洞、缝隙用纸糊严，使整个舍内不透气。鸡舍不密闭影响熏蒸效果。熏蒸时，一般每立方米空间用甲醛液18毫升、高锰酸钾9克、水9毫升，密闭熏蒸24小时。

经上述消毒后，舍内分点采样进行细菌培养，灭菌率要求达到99%以上；否则再重复进行药物消毒、甲醛熏蒸过程。

对育雏舍的消毒要求更为严格，平网育雏时，在育雏舍冲洗晾干后用火焰喷枪灼烧平网、围栏与铁质料槽等，然后再进行药物消毒。必要时需清水冲洗，晾干后转入雏鸡。

2. 设备用具的消毒

（1）料槽、饮水器：塑料制成的料槽与自动饮水器，可用水冲刷，洗净晒干后再用0.1%新洁尔灭液刷洗消毒。在鸡舍熏蒸前放入鸡舍内，与鸡舍一块熏蒸消毒。

（2）蛋箱、蛋托：对反复使用的蛋箱与蛋托，特别是送到销售点又返回的蛋箱，带病菌的可能性很大，因此必须严格消毒。用2%火碱液浸泡与洗刷，晾干后再送回鸡舍。

（3）运鸡笼：转鸡或往屠宰场送鸡用的鸡笼，最好在屠宰场消毒后再运回，否则蛋鸡场应在场外设消毒点，将运回的鸡笼冲洗晒干后再消毒。

3. 环境消毒

（1）消毒池：用3%火碱液消毒，每周更换1次；大门前通过车辆的消毒池宽2米、长4米、深5厘米；人行与过道的消毒池宽1米、长2米、深3厘米。

（2）鸡舍间的空地：每季度先用小拖拉机耕翻，将土翻入地下；然后用火焰喷枪对表层喷火，烧去各种有机物，定期喷洒消毒药。

（3）生产区的道路：每天用0.2%次氯酸钠液等喷洒1次，如当天转鸡则在车辆通过后再消毒。

4. 带鸡消毒

鸡是排出、附着、保存、传播病菌和病毒的污染源，会污染环境，因此，须经常消毒。带鸡消毒多采用喷雾消毒。

（1）喷雾消毒的作用：杀死和减少鸡舍内空气中漂浮的病毒与细菌等病原，使鸡体体表（羽毛、皮肤）清洁。同时，也可沉降鸡舍内漂浮的尘埃，抑制氨气的发生和吸附氨气，保持鸡舍内清洁卫生，空气新鲜。

（2）喷雾消毒的方法：消毒药品的种类和浓度与鸡舍消毒时相同，操作时用电动喷雾装置，每1平方米地面60~180毫升，每隔1~2天喷雾1次；对雏鸡喷雾，药液的温度要比育雏器供温的温度高3~4℃。一旦当鸡群发生传染病时，可每天带鸡消毒1~2次，连续3~5天。

三、免疫注射与免疫监测

免疫注射可使鸡体产生免疫力，是预防和控制疾病的重要措施之一。

（一）免疫注射方法

鸡的免疫注射方法可分为群体免疫法和个体免疫法。

群体免疫法是针对群体进行的，主要有经口免疫（如拌料免疫、饮水免疫）、气雾免疫法等。这种方法的特点是省工，但有时效果不太理想，免疫效果不整齐，特别是雏鸡更为突出。

个体免疫法是针对鸡群逐只进行的，具体包括滴鼻与点眼、刺种、注射等方法。这种方法免疫效果确实，但费时费力，劳动强度大。

不同种类的疫苗使用方法也不同，要按照疫苗说明书进行而不要擅自改变。只有正确地使用和操作，才能获得预期的效果。常用的免疫方法如下：

1. 滴鼻与点眼法

用滴管或滴注器，也可用带有16~18号针头的注射器。先吸取稀释好的疫苗，然后准确地滴入鼻孔或眼球上1~2滴。滴鼻时，应以手指按压住另一侧鼻孔，疫苗才容易被吸入。点眼时，要等疫苗扩散后才能放开鸡。本法多用于雏鸡。为了确保效果，一般采用滴鼻、点眼结合。适用于鸡新城疫Ⅱ系、Ⅳ系疫苗，传染性支气管炎疫苗，传染性喉气管炎弱毒疫苗的免疫。

2. 刺种法

常用于鸡痘疫苗的免疫。免疫时，先按规定剂量将疫苗稀释好，再用注射针或蘸水笔尖蘸取疫苗，在鸡翅膀内侧无血管处的皮肤上刺种，每只鸡刺种1~2下。免疫后1周左右，可见刺种部位的皮肤上出现绿豆大小的疱，以后逐渐干燥、结痂、脱落。若刺种部位没出现这种反应，说明刺种不成功，应重新刺种。

3. 注射法

这是最常用的免疫方法。根据疫苗注入的组织部位不同，又分皮下注射和肌肉注射。本法多用于灭活疫苗和某些弱毒疫苗的注射。

（1）皮下注射法：广泛使用的马立克病疫苗，即在雏鸡颈背皮下注射。局部消毒后，用左手拇指和食指将雏鸡头顶后的皮肤捏起，针头近于水平刺入，按量注射即可。

（2）肌肉注射法：注射部位有胸肌、腿部肌肉和肩前关节附近等。胸肌注射时，应沿胸肌呈45°角斜向刺入，避免与胸肌垂直刺入而误伤内脏。本法适用于较大的鸡。

4. 涂擦法

少数情况下使用的一种方法。如在鸡痘免疫时，先拔掉鸡腿外侧或内侧羽毛5~8根，然后用无菌棉签或毛刷蘸取已稀释好的疫苗，逆着羽毛生长的方向涂擦3~5下；再如鸡传染性喉气管炎强毒疫苗免疫时，将鸡泄殖腔黏膜翻出，用无菌棉签或小软刷蘸取疫苗，直接涂擦在黏膜上即可。

5. 经口免疫法

（1）饮水免疫法：常用于鸡新城疫、鸡传染性支气管炎和传染性法氏囊炎等病的弱毒苗的免疫。为使饮水免疫达到应有的效果，应注意以下几点：

①用于饮水免疫的疫苗必须是高效价的。

②在饮水免疫前后的2小时不得饮用任何消毒药液。

③稀释疫苗用的水最好是蒸馏水，也可用深井水或冷开水，不可使用有漂白粉等消毒剂的自来水。

④免疫前应停水2~4小时，夏天最好夜间停水，清晨饮水免疫。

⑤饮水器具必须洁净且数量充足，以保证每只鸡都能在短时间内饮到足够疫苗量。

⑥大群免疫要在第2天以同样方法补饮1次。

（2）拌料法：免疫前应停料半天，以保证每只鸡都能吃入一定的疫苗量。稀释疫苗的水不要超过室温,将稀释好的疫苗均匀地拌入饲料内。疫苗自稀释好至进入鸡体内的时间越短越好。因此,必须有充足的饲料槽,并摆放均匀,保证每只鸡都能吃到。

6.气雾免疫法

使用特制的专用气雾喷枪,将稀释好的疫苗气化喷洒在高度密集的鸡舍内,使鸡吸入气化疫苗而获得免疫。使用该方法时,应将鸡相对集中在一个安静的地方,关闭门窗及通风系统。雏鸡初免,雾珠直径要求80~120微米;对老龄鸡群或加强免疫时,雾珠直径要求30~60微米。

(二)免疫程序的制定

免疫程序是指根据一定地区或养鸡场内不同传染病的流行状况、疫苗特性等,为鸡群制定的疫苗接种类型、次序、次数、途径及间隔时间,这种操作程序叫做免疫程序。养鸡场推荐的免疫程序请参见附录。制定免疫程序的原则为:

1.考虑不同传染病的分布特征

由于鸡的传染病流行规律和分布特点不同,有些传染病流行时具有持续时间长、危害程度大等特点,所以,应制定长期的免疫防治对策。

2.考虑疫苗的免疫学特性

由于疫苗的种类、接种途径、产生免疫力需要的时间、免疫力的持续期等存在差异,所以,在制定免疫程序时,要根据这些因素进行充分调查、分析和研究。

3.具体免疫程序制定的方法

目前还没有一个能够适合所有地区或养鸡场的标准免疫程序。各地在应用各种免疫程序过程中,要根据本地情况进行不断地调整和改进。具体免疫程序制定的步骤和方法如下:

（1）掌握本鸡场传染病的种类：根据疫病监测和调查结果，分析当地常见传染病的危害程度、流行特点，确定哪些传染病需要免疫或终身免疫，哪些传染病需要根据季节或年龄进行免疫。

（2）了解疫苗的免疫学特性：疫苗的种类、适用对象、保存期、接种方法、接种剂量、接种后产生免疫力的时间、免疫保护效率及其持续期、最佳免疫接种时间及间隔时间都不同，在制定免疫程序前，应对这些特性进行充分地研究和分析。一般来说，弱毒疫苗接种后5~7天，灭活苗（死苗）接种后14~21天可产生免疫力。

（3）充分利用免疫监测结果：由于抗体的消长规律不同，所以应根据免疫后的抗体监测结果，来确定首免日龄和加强免疫的时间。例如，对新出生的雏鸡应首先测定母源抗体，并确定首免日龄，以防高低度的母源抗体对疫苗的干扰。

（4）找准免疫接种时机：主要针对发生于某一季节或鸡某一年龄段的传染病，可在流行季节到来之前，或在鸡的不同年龄段，进行免疫接种。

（三）主要传染病的监测

免疫监测是了解鸡群免疫状况、有效制定免疫程序和防控疫病发生的重要手段，目前各养鸡场都已采用。现以鸡新城疫为例进行说明。

1. 鸡新城疫监测

（1）确定适当的免疫时间：利用鸡血清中抗新城疫抗体抑制新城疫病毒对红细胞凝集的现象，来监测抗体水平，作为选择免疫时期和判断免疫效果的依据。

（2）每次免疫后10天监测：监测免疫效果，了解鸡群是否达到了应有的抗体水平。

（3）免疫前监测：对于大、中型养鸡场每次接种前应进行监测, 以便调整免疫时间, 根据监测结果确定是按时还是适当提前或推后接种。

2. 监测抽样

一定要随机抽样, 抽样率根据鸡群大小而定。万只以上的规模抽样率不得少于0.5%, 千只到万只的规模不得少于1%, 千只以下不得少于3%。

3. 监测方法

有微量法、快速全血平板检测法等。监测时需送有资质的(国家指定的)兽医诊断实验室进行。

四、主要传染病的防控技术

(一)鸡新城疫

本病是由新城疫病毒引起的一种急性、高度接触性传染病。自1926年首先在印度尼西亚发现后, 波及亚洲各地, 所以又叫"亚洲鸡瘟"。

【流行病学】

病鸡和带毒鸡是本病的主要传染源。病毒可通过其他的禽类以及被污染的物品用具、非易感动物和人传播, 鸡蛋也可带毒而传播本病。不同日龄的鸡均可感染, 但一般30~50日龄者多发; 一年四季均可发生, 但冬春季发病更为常见。

【症状】

自然感染的潜伏期一般为3~5天, 根据临床表现和病程长短, 可分为最急性型、急性型、亚急性或慢性型3种。

最急性型: 突然发病, 常无特征症状而迅速死亡, 多见于流行初期和雏鸡。

急性型: 病初体温升高达43~44℃, 食欲减退或废绝, 精神不振,垂头缩颈或翅膀下垂,鸡冠和肉髯呈紫红色或暗紫色。产蛋停止或产软壳蛋。随着病程的发展,出现比较典型症状:咳嗽,呼吸困难,有黏性鼻液,张口呼吸,并发出咯咯的喘气声或尖叫声。口角流出大量黏液,常做摇头和甩头动作。嗉囊内充满液体内容物,倒提时常有大量酸臭液体从口内流出。粪便稀薄,呈黄绿色或黄白色,有时混有少量血液。有的鸡还出现神经症状,如弯颈、翅膀、腿麻痹或痉挛抽搐,最后体温下降。于2~4天内死亡,死亡率为90%~100%。

亚急性或慢性型:一般多见于流行后期或成年鸡,或免疫后的发病鸡。病鸡除有轻度呼吸道症状外,同时出现神经症状,一般经10~20天死亡。

【病理变化】

鸡新城疫的典型病理变化为:全身黏膜和浆膜出血,尤其消化道、呼吸道明显。腺胃黏膜水肿,乳头间有明显出血点或溃疡和坏死。肌胃角质膜下也有出血和坏死。盲肠扁桃体肿大,出血坏死。产蛋母鸡的卵黄膜和输卵管显著充血,如卵黄破裂,流入腹腔引起卵黄性腹膜炎。

【诊断】

根据临床症状和病理变化不难做出诊断。

如果发生非典型新城疫时,其传播速度较缓慢,但每天不断有死鸡出现。临床特征是体温升高、呼吸困难、排黄绿色粪便,很快死亡。病程稍长的病鸡,常出现神经症状。产蛋鸡产蛋量减少,病理变化不典型。

【预防】

鸡新城疫目前仍是危害性最大的传染病,必须采取严格的综合防控措施。

(1)对新引进的鸡必须严格隔离饲养,同时接种新城疫疫苗,经过2周后确实证明无病,才能和健康鸡合群饲养。

(2)鸡场应严格执行场内防疫卫生制度,杜绝一切传染来源。

(3)鸡群一旦发生本病,一方面立即将病鸡隔离淘汰,死鸡要烧毁;同时对健康或无病鸡,进行紧急免疫接种,可用鸡新城疫Ⅰ系苗,按1∶1000倍稀释,每只鸡皮下注射0.2毫升。

(4)按照免疫程序,雏鸡在10~15日龄用新城疫Ⅱ系苗或Ⅳ系苗滴鼻、点眼;28~35日龄按照上述方法进行二免;120~140日龄用油佐剂灭活苗肌肉注射,每只0.5毫升。

(5)建立健全鸡场鸡新城疫血清抗体监测制度,以定期监测鸡群免疫抗体水平。

【治疗】

一般不治疗。饲料中添加抗菌素药物,以防继发感染。

(二)禽流感

禽流感是由甲型禽流感病毒引起的禽类的一种严重传染病。可分为高致病性禽流感、温和致病性禽流感和无致病性禽流感,其中以高致病性禽流感危害较大。过去本病主要在欧洲发生和流行,以后美国、加拿大、澳大利亚、韩国、日本、泰国、印度尼西亚等国也相继发生。2003—2005年我国广东、广西、江西等省区鸡群暴发了本病,并从病鸡和鸭体内分离到高致病性禽流感病毒。

【流行病学】

病禽和带毒禽类是本病的主要传染源。本病病毒可通过皮肤损伤和眼结膜等多种途径传播,地区间的人员和车辆往来是传播本病的重要途径。

【症状】

禽流感潜伏期从几小时到几天不等。

无致病性禽流感,一般不表现明显症状,在感染禽或鸟体内可产生抗体。

温和致病性禽流感,可使禽类出现轻度呼吸道症状,表现为体温升高、精神沉郁、采食量减少、消瘦、产蛋量下降,并可出现零星死亡。

高致病性禽流感最为严重,往往突然暴发,病禽无任何症状表现而死亡。病程较长时,可见精神萎顿、不吃,衰弱,羽毛松乱,头、颈下垂,鸡冠呈暗紫色,头部水肿,结膜肿胀,鼻流黏性分泌物,病鸡常摇头,呼吸困难;部分病例有抽搐、运动失调、瘫痪以及失明等神经症状;消化道症状为腹泻。病程一般1~2天。死亡率高,感染的鸡群往往全群覆没。

【病理变化】

病情较轻的病例,病变常常不明显,表现为轻微的鼻窦炎,气管黏膜轻度水肿,气囊增厚并有纤维素或干酪样渗出物附着。少数病例还可见到纤维素性腹膜炎或卵黄性腹膜炎。

产蛋鸡常见卵巢退化、出血,卵子畸形、萎缩和破裂。

在高致病力毒株感染时,因死亡太快,可能见不到明显的病变,但某些毒株却可引起禽流感的一些特征性变化,如头部肿胀,眼眶周围水肿,鸡冠和肉垂发绀、变硬,脚跖部鳞片下出血,消化道出血,有的腹部脂肪和心冠脂肪也有点状出血。我国发现的一些病例,鸡的皮下有胶冻样浸润,尤以头颈部皮下为甚。

【诊断】

根据农业部《关于印发"高致病性禽流感防治技术规范"的通知》,有下列情况时可确诊为本病:一是有典型的临床症状和病理变化,发病急、死亡率高,且能排除新城疫和中毒性疾病,血清学检测阳性。二是未经免疫,但鸡场的家禽出现H5、H7亚型禽流感血清学检测阳性。三是在禽群中分离到H5、H7亚型禽流感毒株或其他亚型禽流感毒株。

【预防】

本病危害极大，一旦暴发流行，应立即划定疫点、疫区、受威胁区等，按要求强制性实行以紧急扑杀为主的综合性防控措施。

接种禽流感灭活疫苗。经免疫实验，确认国产疫苗具有良好的免疫保护力。蛋种鸡和产蛋鸡7~10日龄，0.3~0.5毫升/只，皮下注射；18~20日龄加强免疫1次，0.5毫升/只，胸肌注射；50~60日龄，0.5毫升/只，胸肌注射；以后经3~6个月再免疫1次。

【治疗】

本病尚无特效药物。用抗病毒药病毒唑结合解热镇痛药等对症治疗，可减轻症状；还可使用抗生素或磺胺类、喹喏酮类药物，以控制继发感染；对蛋鸡恢复产蛋率，使用板蓝根、金银花、黄芪等中草药有一定效果。

(三)鸡传染性法氏囊病

本病是由法氏囊病毒感染引起雏鸡的一种急性传染病。1957年在美国特拉华州冈博罗地区的肉鸡群中首次发现，所以又叫冈博罗病。临床上以法氏囊肿大、肾脏损害为特征。本病遍及全国各地，病发率和死亡率都很高。可造成巨大的经济损失，是目前危害养鸡业的重要疾病之一。

【流行病学】

本病传染源主要是病鸡和带毒鸡。病毒可直接接触传播，也可以经被污染过的饲料、饮水、空气、用具间接传播，经呼吸道、消化道、眼结膜感染。本病一年四季均可发生，无明显季节性和周期性。

【症状】

本病往往突然发生，潜伏期短，感染后2~3天出现临床症状。早期症状是鸡啄自己的肛门。发病后，病鸡下痢，排出黄色米汤样稀便,粪中常有尿酸盐。最后随着病程延长,出现食欲减退、怕冷、步态不稳,最后极度衰竭死亡。通常感染3天开始死鸡,并在5~7天达死亡高峰期,以后死亡数逐渐减少。

【病理变化】

胸肌和两腿外侧肌肉有出血斑点或出血条纹。法氏囊肿大,囊内充满液体,外形变圆,比正常增大1~3倍。有时囊腔黏膜出血严重,呈暗紫红色。病愈后的法氏囊萎缩、变小,甚至消失。

【诊断】

根据突然发病,胸肌出血,法氏囊肿大出血,即可做出诊断。

【预防】

(1)搞好鸡舍清洁卫生,加强饲养管理,提高鸡的抗病能力。做好鸡舍定期消毒工作。

(2)对7~14日龄雏鸡,用法氏囊疫苗饮水免疫(1 000只鸡的量加脱脂牛奶0.5千克);18~24日龄用同样的方法再加强免疫1次;120~140日龄(种鸡上笼前)用法氏囊油乳剂灭活苗肌肉注射,每只0.5毫升。

【治疗】

对早期病鸡可用法氏囊病高免卵黄液治疗,有效率可达90%以上。每只鸡肌肉注射0.5~0.8毫升。同时供给充足的饮水,并在水中添加5%多维葡萄糖和0.1%食盐,在饲料中添加双倍量维生素,以促进病鸡的康复。

(四)鸡马立克病

本病是由马立克病毒引起的一种高度接触性传染的肿瘤疾病,以外周神经、内脏器官、性腺、肌肉和皮肤发生淋巴样肿瘤细胞浸润为特征。一般多发生于2~5周龄青年鸡,发病率为5%~10%,死亡率较低。严重时可达30%~40%。

【流行病学】

本病传染源主要是病鸡和带毒鸡。一经感染后病毒终身存在于感染鸡的组织器官中，终身带毒并排毒。从感染鸡羽毛囊随皮屑排出的游离病毒，具有很强的传染性。呼吸道是病毒进入体内的最重要途径。

【症状】

潜伏期一般为3周。临床上最常见的有4种类型。

神经型：受害最严重的是坐骨神经，常引起肢腿不全麻痹，一个特殊的姿势是一条腿伸向前方，一条腿伸向后方，形成典型"劈叉"姿势。严重时病鸡卧地不起，因吃不到饲料，病鸡明显消瘦、衰竭。

内脏型：多为急性型。病鸡精神沉郁，下腹部胀大，不食、消瘦、排绿色稀便，最后因衰竭死亡。

眼型：主要表现瞳孔缩小、虹膜褪色、瞳孔边缘不整齐（呈锯齿状），从正常黄色变为青灰色（灰眼），有时一侧眼失明。

皮肤型：常无明显的临床症状，往往在宰后拔毛时，在颈、躯干和腿部发现毛囊肿大，形成大小不等的小结节瘤状物。

【病理变化】

神经型：腰间神经丛和坐骨神经变粗或粗细不等，呈黄白色或灰白色，横纹消失。

内脏型：卵巢、肝、脾、肾等组织、器官的表面上散布大小不等的乳白色肿瘤样结节。

眼型：虹膜或睫状肌肿瘤性淋巴细胞增生，浸润。

皮肤型：毛囊肿大，肿瘤性淋巴细胞性增生，形成坚硬结节或瘤状物。

【诊断】

本病雏鸡最易感，随年龄增长，易感性降低。一般多发生于2～5周龄的青年鸡，发病率大多为5%～10%，严重时可达30%～40%，但死亡率较低。

【预防】

疫苗接种是预防本病的主要措施。在刚出壳12小时内，每只雏鸡颈部肌肉注射火鸡疱疹病毒疫苗0.2毫升，保护率可达98%，疫苗稀释后必须在2小时内用完，否则容易造成免疫失败。

【治疗】

目前没有治疗方法。

（五）传染性喉气管炎

本病是由病毒引起的一种急性呼吸道传染病。其特征是呼吸困难、咳嗽和咯出含有血液的渗出物。

【流行病学】

病鸡、康复后的带毒鸡和无症状的带毒鸡是主要传染源。经呼吸道及眼传染，也可经消化道感染。鸡舍通风不良，维生素缺乏，寄生虫感染，都可诱发和促使本病发生。该病传播快，发病率30%～50%，死亡率一般在10%～20%，主要发生于成年鸡。

【症状】

潜伏期一般为6～12天，最短2～4天鸡只即可发病。

发病初期，常有数只病鸡突然死亡。病鸡流鼻液、流泪，伴有结膜炎，随后表现出特征性的呼吸道症状，呼吸时发出湿性啰音，咳嗽，有喘鸣音，病鸡蹲伏地面上，每次吸气时头和颈部向前、向上，呈张口、尽力吸气的姿势。

严重病例，病鸡高度呼吸困难（见图9-1），咳嗽、甩头，甩出带血的渗出物，可因窒息而死亡。产蛋鸡产蛋量下降。病程较长，长的可达1个月。死亡率一般较低（2%左右），大部分病鸡可以耐过。若有细菌继发感染和应激因素存在时，死亡率则会增加。

【病理变化】

典型病变在气管和喉部组织，病初黏膜充血、肿胀，高度潮红，有黏液，进而黏膜发生变性、出血和坏死，气管中有含血黏液或血凝块，气管管腔变窄。严重时，炎症可波及支气管、肺和气囊，甚至上行蔓延至鼻腔和眶下窦。

图9-1　患传染性喉气管炎的病鸡张口呼吸

【诊断】

（1）临床上，本病常突然发生，传播快，成年鸡发生最多。症状较为典型：张口呼吸、喘息、有啰音，咳嗽时可咳出带血的黏液。有头向前、向上吸气姿势。

（2）剖检死鸡时，见气管内有卡他性或黄白色干酪样填塞物，以后者最为常见。

【预防】

对发病鸡群，确诊后立即采用弱毒疫苗紧急接种，用鸡传染性喉气管炎弱毒疫苗滴鼻、点眼（也有用饮水）免疫。按疫苗使用说明书进行，可获得半年至1年保护力。

对无本病流行的地区最好不用弱毒疫苗免疫，因为有可能造成本病病原的长期存在。

【治疗】

目前尚无特殊的治疗方法。发病鸡群全群饲料内拌入抗菌药物，对防止继发感染有一定作用。据介绍，对病鸡采取对症治疗，如投服牛黄解毒丸或喉症丸，或其他清热解毒利咽喉的中药液或中成药物有一定好处，可减少死亡。对呼吸困难明显的病鸡，将嘴掰开，用消毒好的有齿镊子，把喉头处干酪性栓塞物取出，然后涂上碘甘油，治愈率较高。

（六）传染性支气管炎

传染性支气管炎是鸡的一种急性、高度接触性的呼吸道疾病，以咳嗽、打喷嚏，雏鸡流鼻液，产蛋鸡产蛋量减少，呼吸道黏膜发炎为特征。发病年龄多在雏鸡阶段，传播快，发病率高，死亡率可达40%~60%，有的高达90%。

【流行病学】

病毒从病鸡呼吸道排出，通过空气飞沫传给易感鸡，也可通过被污染的饲料、饮水及饲养用具经消化道感染。本病一年四季均能发生，但以冬、春季节多发。鸡群拥挤、过热、过冷、通风不良、温度过低、缺乏维生素和矿物质，以及饲料供应不足或配合不当，均可促使本病发生。

【症状】

潜伏期1~7天，平均3天。由于病毒的血清型不同，可分为呼吸道型、肾病变型和腺胃型3种。

呼吸道型：病鸡常突然发病，出现呼吸道症状，并迅速波及全群。雏鸡表现为伸颈、张口呼吸，咳嗽，有"咕噜"音，尤以夜间最清楚。随着病情的发展，病鸡精神萎靡，食欲废绝，羽毛松乱，翅下垂，昏睡，怕冷，常拥挤在一起。产蛋鸡感染后产蛋量下降，产软壳蛋或畸形蛋。

肾病变型：可见肾肿大，灰白色，表面呈槟榔状花纹（花斑肾）。输尿管和肾小管中充满白色的尿酸盐结晶。病鸡挤堆、厌食，排白色稀便，粪便中几乎全是尿酸盐。

腺胃型：主要表现为病鸡流泪、眼肿，极度消瘦，拉稀，并伴有呼吸道症状。

【病理变化】

呼吸道型：气管环出血，管腔中有黄色或黑黄色栓塞物。雏鸡鼻腔、鼻窦黏膜充血，鼻腔中有黏稠分泌物，肺脏水肿或出血。产蛋鸡的卵泡变形，甚至破裂。

肾病变型：肾脏肿大，呈苍白色，肾小管充满尿酸盐结晶，扩张，外形呈白线网状。严重的病例在心包和腹腔脏器表面也可见白色的尿酸盐沉着。

腺胃型：可见腺胃肿胀如球状，腺胃壁增厚，黏膜出血、溃疡。

【诊断】

根据本病临床症状和病理变化，可做出初步诊断。进一步确诊则有利于病毒分离鉴定及实验室检查。

【预防】

首免可在7~10日龄用传染性支气管炎弱毒疫苗点眼或滴鼻；二免可于30日龄用弱毒疫苗点眼或滴鼻；开产前用传染性支气管炎灭活油乳疫苗肌肉注射，每只0.5毫升。

对肾型传染性支气管炎，可在4~5日龄和20~30日龄用肾型传染性支气管炎弱毒苗进行免疫接种，或用灭活油乳疫苗于7~9日龄颈部皮下注射。

【治疗】

目前尚无特异性治疗方法。对肾型传染性气管炎病例,在发病期间可调整饲料配方,降低蛋白质和钙的含量,以减少尿酸盐的生成。在饲料中可添加维生素A和维生素C等,具有一定的治疗作用。

(七)产蛋下降综合征

本病是由腺病毒引起鸡的一种以产蛋量下降和蛋品质降低为主要表现的传染病。

【流行病学】

本病主要通过胚胎感染小鸡,鸡群产蛋率达50%以上时开始排毒,并迅速传播;也可通过污染的蛋盘、粪便、免疫用的针头、饮水传播。笼养鸡比平养鸡传播快,产褐壳蛋的鸡较产白壳蛋的鸡传播快。

【症状】

主要表现是产蛋率进入高峰或已上高峰时,突然下降,降幅可达10%~40%,并出现软壳蛋、薄皮蛋、破蛋、蛋壳表面粗糙等现象,蛋的品质下降。病程可持续4~10周或更长,病愈后也难以恢复到病前的产蛋水平。种蛋孵化率明显降低,鸡胚的死亡率增加,弱雏增多。

【病理变化】

仅见肝、脾和肾轻度肿胀,输卵管及子宫黏膜水肿,管腔内含有白色渗出物。

【诊断】

根据病史和临床症状可做出初步诊断,确诊尚需进一步做病毒分离鉴定和血清学检查。

【预防】

一是对病鸡所产的蛋不能留作种用,为防止垂直传播,经血清学监测，对阳性病鸡，应及早淘汰。二是在开产前（18周龄）给母鸡肌肉注射油乳剂灭活苗0.5毫升。

【治疗】

尚无有效治疗药物。为恢复产蛋，有人试用"三九禽康"或"消瘟败毒散"等清热解毒中药，将其拌入饲料中，连用3~5天，有一定效果；也可用"蛋补18"拌料5~10天，或饮水中加"速补14"等抗应激药5~10天，也有一定效果。对已注射油乳剂灭活苗的鸡群，在产蛋高峰前后仍出现软壳蛋、破蛋时，在饲料中添加土霉素（粉剂）或氯化胆碱等药物，可降低蛋的破损率。

（八）禽脑脊髓炎

禽脑脊髓炎是主要侵害幼鸡的一种病毒病。临床以运动失调和头颈部震颤为特征。产蛋鸡可出现一时性产蛋急剧下降。

【流行病学】

本病可直接或间接接触传播。12~21日龄雏鸡最易感，8周龄以上的鸡感染后有的不表现症状。本病一年四季均可发生。

【症状】

潜伏期垂直传播为1~7天，水平传播为9~14天。病鸡精神萎顿，运动失调，一侧或两侧腿出现麻痹，头颈震颤，受到刺激后震颤更明显，表现瘫软无力，卧地不起，可因饥饿、缺水、衰弱和相互踩踏而死亡。急性病鸡死亡快。4周龄以上的鸡感染后很少表现临床症状，成年母鸡感染后可出现短时间（1~2周）产蛋量下降，下降幅度为5%~15%，以后可逐渐恢复。

【病理变化】

肉眼变化不明显，主要病变在脑部，见有轻度充血、水肿，脑膜有出血点。有的病例在肌胃的肌层可见散在灰白色区域。

【诊断】

根据流行病学和临床特征可做出初步诊断。如雏鸡在出生后1~2周龄发病,表现出明显的共济失调和头颈肌肉震颤,必要时可做脑干、脊髓和肌胃、胰脏的检查。确诊需进行病毒的分离和血清学检测试验。

【防治】

本病目前尚无有效的治疗方法,主要防控措施是抓好种鸡的饲养管理。免疫接种所使用的疫苗有禽脑脊髓弱毒活疫苗和禽脑脊髓炎油乳剂灭活疫苗两种。免疫程序是:首免,对12周龄的后备种鸡,经饮水免疫接种弱毒活疫苗,1~2头份/只;二免,对16周龄后备种鸡,经饮水免疫接种弱毒活疫苗,2头份/只;对开产前1个月的种鸡,接种油乳剂灭活苗0.5~1毫升/只。

(九)鸡痘

鸡痘是由鸡痘病毒引起的一种急性、热性、高度接触性传染病。特征是在无羽毛处皮肤形成痘疹,或在口腔、咽喉黏膜处形成纤维蛋白性坏死性假膜。

【流行病学】

病鸡是本病的主要传染源。鸡痘病毒的传染途径,主要是通过皮肤或黏膜的伤口侵入体内;有些情况下,断喙也会成为鸡痘发病的起因。有些吸血昆虫,特别是蚊子能够传带病毒,是秋季鸡痘流行的一个重要传染媒介。除幼龄雏鸡外,各种年龄的鸡均可感染此病。一般秋、冬两季最易流行。

【症状】

根据症状和病理变化可分为3种病型。

皮肤型:冠、肉垂、颜面、眼睑、腿或趾部皮肤出现痘疮,病程2~3周。产蛋鸡患病时可影响产蛋。发生眼痘时,易继发细菌感染,引起化脓性结膜炎。

白喉型: 口腔、咽喉黏膜出现局灶性坏死性伪膜, 或在上部气管黏膜形成隆起的增生病灶, 甚至造成堵塞, 引发呼吸困难或窒息死亡。

混合型: 口腔黏膜和皮肤同时发生病变, 较少见。

【诊断】

根据病鸡的冠、肉髯和其他无毛部位的结痂病灶, 以及口腔和咽喉部分的假膜, 可做出正确诊断。

【预防】

发现病鸡要严格隔离, 重病鸡淘汰, 死鸡烧毁。鸡舍、用具和运动场彻底消毒。冬季鸡舍内温度要适宜, 做到环境干燥, 通风良好。

一般采用刺种法接种疫苗。用时将疫苗稀释50倍, 用洁净的钢笔尖或大号缝纫针蘸取疫苗, 刺种在鸡的翅膀内侧皮下, 每只鸡刺1~2次。可以在幼雏接种鸡新城疫Ⅱ系或Ⅳ系疫苗时, 同时刺种鸡痘疫苗。通常接种后第4天在接种部位出现肿起的痘疹, 第9天形成痘斑, 否则, 免疫失败, 需重新接种。一般在25日龄左右和80日龄左右各刺种1次, 可取得良好的预防效果。

(十) 禽霍乱

禽霍乱又称禽巴氏杆菌病或禽出血性败血病, 是一种急性败血性传染病。发病率和死亡率很高, 但也常出现慢性或良性。

【流行病学】

慢性感染禽是主要传染源。传播的主要途径是病禽口腔、鼻腔和眼结膜的分泌物, 这些分泌物污染了鸡笼、饲槽及环境, 特别是饲料和饮水, 造成健康鸡感染。该菌很少经蛋传播。

【症状】

自然感染的潜伏期一般为2~9天。由于鸡的抵抗力和病菌的致病力强弱不同, 所表现的症状也有差异。一般分为最急性、急性和慢性3种病型。

最急性型：一般多发生于疾病的早期，不见任何症状，病鸡突然死亡，看不到明显的病理变化。晚间一切还正常，次日发病死在鸡笼内，这种情况以产蛋高的鸡最常见。

急性型：最常见，病鸡表现发烧，鸡冠、肉髯肿胀并呈青紫色，呼吸困难，全身发紫，排黄色、灰白色或绿色稀便。有时口中流出混有泡沫的黏液，病程短，死亡快。

慢性型：两侧肉髯显著肿胀、淤血、水肿，质地变硬，病程长时，可发生坏死，结黑痂。鼻流黏液，呼吸困难，关节肿胀，出现跛行。一般多见于疾病流行的晚期。有时可见到纤维素性坏死性肺炎、气囊炎、腹膜炎和心包炎等变化，母鸡可见卵巢坏死、变形。

【病理变化】

最急性型死亡的病鸡无特殊病变，有时只能看见心外膜有少量出血点。急性型病例见皮下组织和腹部脂肪、心冠脂肪有小出血点，胸肌和胸腔浆膜散在出血点，心包积液，心外膜呈喷洒性出血，肝表面有黄白色坏死灶，十二指肠黏膜出血。

【诊断】

根据病鸡流行病学、剖检特征、临床症状可做出初步诊断，确诊需做实验室检查。

【预防】

在常发地区或鸡场，可考虑应用疫苗进行预防。国内有较好的禽霍乱蜂胶灭活疫苗，安全可靠，可在0℃条件下保存2年，注射不影响产蛋，无毒副作用，可有效防控该病。

【治疗】

鸡场一旦发生本病应进行全群投药，在饲料中添加0.4%~0.5%的磺胺二甲氧嘧啶或0.05%氯霉素，连喂5~7天。氯霉素、土霉素、庆大霉素、喹乙醇、恩诺沙星等均有较好的疗效。在治疗过程中，剂量要足，疗程要合理，当鸡只死亡明显减少后，再继续投药2~3天，以巩固疗效，防止复发。

（十一）雏鸡白痢

本病是由沙门菌所引起的雏鸡的一种最常见和多发性的传染病。主要侵害2~3周龄以内的雏鸡，以急性败血症和排白色黏稠粪便为特征，发病率和死亡率都高。

【流行病学】

病鸡和带菌鸡是主要传染源。本病可经蛋垂直传播，也可通过与病鸡接触传染，消化道感染是本病的主要传播方式。一般多发生于2~3周龄雏鸡，发病率和死亡率都很高。

【症状】

1. 雏鸡

刚孵出的鸡苗弱雏较多，脐部发炎，2~3日龄开始发病、死亡，7~10日龄达死亡高峰，2周后死亡渐少。病雏表现嗜睡，翅下垂，拉白色稀便，精神不振，怕冷，寒战，羽毛逆立，食欲废绝。肛门周围羽毛有石灰样粪便玷污，甚至堵塞肛门（见图9-2）。耐过鸡生长缓慢，消瘦，腹部膨大。

2. 育成鸡

主要发生于40~80日龄的鸡，病鸡多为病雏未彻底治愈，转为慢性的，或在育雏期受到感染所致。病鸡精神不振，食欲差，下痢，常突发死亡，死亡持续不断，可延续20~30天。

3. 成年鸡

成年鸡常为无症状感染。本病污染严重的鸡群，往往产蛋率、受精率和孵化率均有不同程度的下降。鸡的死淘率明显高于正常鸡群。

图9-2 发生雏鸡白痢的病雏

【病理变化】

雏鸡多见卵黄囊吸收不完全。病雏见肝表面散在少量灰白色坏死灶,心肌见黄色坏死灶或灰白色结节。

产蛋鸡多见卵巢变形,如椭圆形、三角形、多角形、不规则形或长柄形,颜色呈灰、白、黄、红、褐、灰绿甚至铅色,有的卵泡充满透明液。

慢性病例,常见卵泡破裂,引起腹膜炎。有的可见心包炎,心包增厚或粘连,肝、脾肿大,甚至破裂。公鸡可见睾丸萎缩,散在小脓肿。

【诊断】

根据典型的临床症状与病理变化可做出初步诊断。对于隐形或慢性感染的种鸡,采用鸡白痢平板凝集实验可做出快速诊断。

【预防】

预防鸡白痢,最重要的是对种鸡的净化要做到彻底,建立和培育无白痢的种鸡群,同时加强种蛋、孵化、育雏的消毒卫生工作。也可使用本场分离的鸡白痢沙门菌制成油乳剂灭活苗,做免疫接种。

【治疗】

选用敏感药物对该病进行治疗。如痢特灵每千克饲料加入200～400毫克,拌匀喂鸡,连用7天,停3天,再喂7天;土霉素(或金霉素、四环素）按每千克鸡体重用200毫克喂服，或每千克饲料加土霉素2~3克拌匀喂鸡，连用3~4天；青霉素2 000国际单位每只鸡每天拌料喂服，连用7天；磺胺脒（或碘胺嘧啶）每千克饲料加入10克或磺胺二甲基嘧啶5克拌料喂鸡，连用5天；也可用链霉素或氯霉素按0.1%~0.2%加入饮水中饮用，连饮7天。以上药物最好交替使用，以利提高疗效。

（十二）鸡大肠杆菌病

本病是由大肠杆菌所引起鸡的一种细菌性疾病。常见心包炎、肝周炎、气囊炎、腹膜炎、大肠杆菌性肉芽肿和脐炎等病变。

【流行病学】

各种年龄的鸡都可发生大肠杆菌病。大肠杆菌是鸡的条件性致病菌，当饲养管理不良，饲养密度大，通风不佳，卫生不好，舍内有害气体过浓，饲料质量低下，或并发其他病原感染，都可成为大肠杆菌病的诱因。本病感染途径有经蛋传染、呼吸道传染和经口传染。养鸡实践中，由于大量使用各种药物使大肠杆菌产生抗药性，增加了本病流行的危险。

【症状】

通过种蛋感染的，鸡胚通常在孵化后期死亡。初生雏鸡表现软弱无力，体表潮湿，脐部肿胀和发炎，卵黄吸收不良。

4周龄以上的病鸡，常见鼻液增多，张口呼吸，鸡冠暗紫色，排黄白色或黄绿色稀粪，拒食。

大肠杆菌性肠炎，表现为病鸡羽毛松乱，翅膀下垂，精神萎靡，腹泻。稀粪常糊住鸡的肛门处，往往误诊为雏鸡白痢。

【病理变化】

1. 鸡胚和雏鸡早期死亡

剖检见卵黄囊不吸收，囊壁充血，内容物呈黄绿色，黏稠或稀薄水样,有血性渗出物,脐孔开张,表现红、肿。

2. 呼吸道感染的病死鸡

由于易继发传染性支气管炎、新城疫、支原体病,主要见气囊炎(特别是胸气囊和腹气囊),囊壁增厚,囊腔内含有白色的干酪性渗出物。有的病例只见肺水肿,呈绿色。

3. 腹膜炎

腹腔及器官表面附着多量黄白色渗出物,与各器官组织粘连。

4. 肝周炎、心包炎

在肝表面和心外膜上覆一层黄白色的纤维素膜,肝呈褐色,脾肿大。

5. 蛋黄性腹膜炎

可见腹腔内积有破裂的蛋黄液。有的发生凝固使肠粘连,肠内物腐败,肠壁、腹壁变绿,恶臭。

6. 全眼炎

此型不常见,一般多侵犯一只眼,表现为眼前房液积脓,失明。

7. 输卵管炎

1~2月龄雏鸡患病时,输卵管明显增粗;成年产蛋鸡发病时,可见输卵管局部高度扩张,表面不光滑,黏膜充血、粗厚。

8. 大肠杆菌肉芽肿

在盲肠、直肠和回肠的浆膜上,可见土黄色脓肿或肉芽肿,肠粘连不能分开。

【诊断】

根据流行特点、临床症状和病理变化可做出初步诊断,要确诊需做细菌分离、致病性实验及血清学检测鉴定。

【预防】

一是降低鸡群饲养密度,注意控制舍内温度、湿度和通风,定期消毒。要供给清洁卫生饲料和饮水，对病鸡、弱鸡应及时隔离和淘汰。二是在育雏阶段，可在饲料或饮水中添加抗生素进行药物预防，常用药物有庆大霉素、氯霉素、壮观霉素、诺氟沙星、鸡宝-20等，有一定效果。三是在发生本病过程中，使用本场分离的致病性大肠杆菌制成油乳剂灭活苗，进行两次免疫，第1次为4周龄，每只肌肉注射1毫升；第2次为18周龄，每只肌肉注射2毫升，能有效地控制本病的发生。

【治疗】

由于大肠杆菌容易对药物产生抗药性，最好进行药物敏感性试验。根据试验结果，选用有针对性的敏感药物进行治疗，如庆大霉素、卡那霉素、新霉素、氯霉素等。

(十三)鸡葡萄球菌病

本病是由致病性葡萄球菌感染引起的鸡的一种急性败血症性传染病。临床上以急性败血症、关节炎、雏鸡脐炎、皮肤坏死等为特征。

【流行病学】

本病是由金黄色葡萄球菌引起，任何年龄的鸡，包括鸡胚都可以感染。一般4~6周龄的雏鸡较敏感，实际发病以40~90日龄的中雏和育成鸡最多见。主要传染途径是皮肤和黏膜创伤，但雏鸡常通过脐带感染。本病一年四季均可发生，但在雨季和潮湿季节发病较多，尤以每年8—11月为高发期。笼养鸡比平养鸡多见。

【症状】

根据临床表现可分为以下类型。

1. 急性败血型

多发生于幼龄鸡，病鸡表现精神萎靡，不爱活动，食欲减退或不吃，腹泻，消瘦。典型症状是胸、腹、翅膀内侧、翅尖、尾、头、背及腿等部皮肤呈紫色或紫红色,皮下水肿、充血、出血,甚至坏死。

2. 关节型

病鸡在足、翅关节发生肿胀、发热,特别是趾关节肿大较多,局部呈紫红色或紫黑色,破溃后形成黑色痂皮。有的形成趾瘤,脚底肿厚,病鸡出现跛行。

3. 脐炎型

刚出壳的雏鸡,发生脐炎较常见。表现为腹部膨大,脐孔发炎肿大,局部呈黄红色或紫黑色。

4. 眼型

病鸡头部肿大,有的一侧或两侧上下眼睑粘连,不能睁开。打开眼睑时可见结膜肿胀,眼角内有多量污黄色分泌物。病程长者眼球下陷,眶下肿胀,失明,最后因不能采食导致饥饿、衰竭死亡。

【病理变化】

1. 急性败血病型

病鸡胸部、前腹部羽毛稀少或脱落,皮肤呈紫黑色水肿,有的自然破溃。胸腹部和腿内侧肌肉有散在的出血点、出血斑。肝脏肿大,呈紫红色或花纹样颜色,有出血点;脾脏肿大,可见白色坏死点;心包发炎,内有黄色混浊的渗出液。

2. 慢性关节炎型

关节肿大,滑膜增厚,关节腔内有浆液性或浆液纤维素性渗出物。病程较长的慢性病例,渗出物变为干酪样,关节周围组织增生,关节畸形。

3. 脐炎型

脐部发炎、肿胀,呈紫红色或紫黑色,有暗红色或黄色的渗出液,时间稍久则呈脓性或干酪样渗出物。卵黄吸收不良,有时可见卵黄破裂和腹膜炎。

4.胚胎感染型

死亡鸡胚的头部皮下水肿,胶冻样浸润,呈黄色、红黄色或粉红色;头及胸部皮下出血;卵黄囊壁充血或出血,内容物稀薄;脐部发炎;肝脏有出血点。

【诊断】

根据临床症状、病理变化,可以做出初步诊断。确诊需进行细菌检查。

【预防】

应避免和消除造成鸡外伤的因素。例如,减少鸡群密度,注意舍内清洁卫生,并保持良好的通风。在断喙、剪趾、预防注射时,要注意消毒。平时要做好定期带鸡消毒。在常发地区应考虑用疫苗接种来控制本病,国内研制的鸡葡萄球菌病多价氢氧化铝灭活苗,经多年实践应用证明,可有效预防本病发生。

【治疗】

庆大霉素,按每只鸡每千克体重3 000~5 000国际单位肌肉注射,每天2次,连用3天。

卡那霉素,按每只鸡每千克体重1 000~1 500国际单位肌肉注射,每天2次,连用3天。

氯霉素,按0.2%的量拌入饲料中喂服,连服3天。如用针剂,按每只鸡每千克体重20~40毫克计算,1次肌肉注射,或配成0.1%水溶液,让鸡饮服,连用3天。

红霉素,按0.01%~0.02%药量加入饲料中喂服,连续3天。

土霉素、四环素、金霉素,按0.2%的比例加入饲料中喂服,连用3~5天。

链霉素,成年鸡按每只10万单位肌肉注射,每日2次,连用3~5天,或按0.1%~0.2%浓度饮水。

磺胺类药物，如磺胺嘧啶、磺胺二甲基嘧啶，按0.5%比例加入饲料喂服，连用3~5天；或用磺胺-5-甲氧嘧啶或磺胺-6-甲氧嘧啶，按0.3%~0.5%浓度拌料，喂服3~5天。

（十四）鸡支原体病

本病是由血支原体引起的一种鸡的传染病。其中，鸡毒支原体引起慢性呼吸道病，可见气囊炎、呼吸道炎症；滑液支原体引起传染性滑膜炎，可见关节肿胀、滑膜炎。

【流行病学】

病鸡和带菌鸡是本病的传染源。当健康鸡与病鸡接触时被感染，病原体也可通过飞沫或尘埃经呼吸道吸入引发感染，但经蛋垂直传播常是本病代代相传的主要原因。在感染公鸡的精液中，也发现有病原体存在，因此配种也可能传播本病。

【症状】

1. 鸡慢性呼吸道病

潜伏期通常为4~21天。

发病初期：病鸡鼻腔黏膜发炎，出现浆液或黏液性鼻漏，打喷嚏，窦炎、结膜炎及气囊炎。

发病中期：炎症由鼻腔蔓延到支气管，病鸡表现为咳嗽，有明显的湿性啰音。

发病后期：炎症进一步发展到眶下窦等处，由于蓄积的渗出物引起眼睑肿胀，向外突出如鱼眼样，视觉减退，以致失明。

2. 鸡传染性滑膜炎

潜伏期通常为11~21天。

发病初期：冠色苍白，病鸡步态改变，表现轻微八字步，羽毛无光蓬松，好离群，发育不良，贫血，缩头闭眼。常见含有大量尿酸盐的绿色排泄物。

发病中期：病鸡表现明显八字步，跛行，喜卧，羽毛逆立，发育不良，生长迟缓，冠呈蓝白色的。关节周围肿胀，跗关节及足掌是主要感染部位。病鸡表现不安、脱水和消瘦。

发病后期：关节变形，常卧地不起，甚至不能行走，无法采食，极度消瘦，虽然病已趋严重，但病鸡仍可继续饮水和吃食。

【病理变化】

鸡慢性呼吸道病：鼻道、眶下窦黏膜水肿、充血、出血，窦腔内有黏液或干酪样渗出物；喉头、气管内有透明或混浊的黏液，气管黏膜增厚，并有不同程度的肺炎，有时炎症可蔓延到心、肝、腹膜及卵巢等组织。

鸡传染性滑膜炎：可见病鸡消瘦，鸡冠苍白或萎缩，羽毛粗乱。关节、爪垫肿胀，关节腔内、爪垫下可见有黏稠、呈灰白色或灰黄色的渗出物，渗出物可进一步变成干酪样。关节尤其是跗关节、肩关节表面变薄，甚至形成溃疡。

【诊断】

根据临床症状及病理变化，可做出初步诊断。确诊需做病原培养分离及血清学检测。

【预防】

由于本病病程较长，能在鸡群中长期蔓延，所以必须采取综合性预防措施。

（1）为防止经蛋传给孵化的雏鸡，对成年鸡可肌肉注射链霉素，每只200毫克，每日1次。

（2）搞好环境卫生，加强饲料管理，保持鸡舍通风良好等，以增强机体抵抗力。

（3）严密观察鸡群，对成鸡的死亡原因、淘汰原因、生产性能等情况应详细记录。

（4）在育种鸡场，种鸡群可用链霉素每千克体重50～200毫克治疗，每只鸡每月最少注射1次。各个鸡群所产的蛋需分别孵化。所有孵化的种蛋在孵化前需经福尔马林消毒，然后再浸入100～1 000毫克/千克的链霉素或红霉素、四环素溶液中，处理后再孵化。孵化的雏鸡，出壳后应用福尔马林液熏蒸或链霉素喷雾处理，并分群饲养。

（5）对新引进的种鸡必须隔离观察2个月，进行血清学检测，并在6个月内复查2次，无病原体方可混群饲养。

（6）对病鸡群的鸡舍要彻底消毒，并及时投药，病鸡所产的种蛋不能做孵化用。

【治疗】

治疗可用金霉素、红霉素、土霉素、壮观霉素、泰乐菌素和恩诺沙星。一般经饲料或饮水给药5～7天，能取得很好的疗效。

成年鸡可肌注链霉素，每只0.2克；5～6周龄的鸡每只50～80毫克。早期治疗，连续注射3～5天，效果好。

大群治疗，可在饲料内添加土霉素粉剂，每千克饲料加2～4克；支原净，每吨饲料加150克，充分混匀，连喂7天。

此外，本病的治疗效果与有无并发感染关系很大，病鸡如果同时并发其他病毒病（如新城疫、传染性喉气管炎等），疗效不太明显。用壮观霉素（治百炎）治疗效果较好，治愈率在80%以上。用量每千克体重肌肉或皮下注射0.1～0.2毫升，连注3～5天。

五、主要营养代谢病与寄生虫病的防控技术

（一）维生素A缺乏症

本病是由维生素A不足或缺乏所引起的营养代谢障碍性疾病，以生长发育不良、视觉障碍和器官黏膜损害为特征。

【病因】

主要由于鸡群长期饲喂缺乏胡萝卜素或维生素A的饲料;或因加工调制和贮存不当等,致使维生素A受到破坏。如烈日暴晒、高温处理等都可使其中脂肪酸败变质,加速饲料中维生素A类物质的氧化分解过程,导致维生素A缺乏,如黄玉米贮存6个月以上,60%的胡萝卜素被破坏。当发生胃肠、肝脏疾病时,也可引起维生素A的利用及储存过程发生障碍。

【症状】

幼龄鸡,表现为精神不振、食欲减退、生长停滞。病鸡逐渐消瘦,羽毛乱而无光泽,喙和脚部皮肤黄色减退,眼内有干酪样分泌物,眼睛干燥,幼鸡死亡率较高。母鸡产蛋量下降,鸡冠苍白;公鸡性机能下降,精液质量不好,种蛋受精率下降,胚胎发育障碍并导致死亡,孵化率降低。

成年病鸡的眼、鼻孔中流出水样分泌物,上下眼睑常粘在一起,继续发展,眼内可见乳白色干酪样渗出物积聚,影响鸡的视力,严重时引起失明(见图9-3)。

图9-3　患维生素A缺乏症的病鸡

【病理变化】

口腔上腭和食道黏膜上有白色、小米粒大的结节或脓疱,挤压时有脓液流出。雏鸡肾与输尿管中经常有白色、灰白色尿酸盐沉积,有时在心、肝、脾表层也有尿酸盐薄膜覆盖。

【诊断】

根据症状、剖检变化以及对饲料的分析,可做出确诊。

【预防】

预防雏鸡先天性维生素A缺乏症,关键是产蛋鸡的饲料中必须含有足够的维生素A。同时,平时应注意饲料的保管,防止发生酸败、发酵、产热和氧化,以免维生素A被破坏失效。在购买预混料时,必须对生产厂家的生产条件、原料来源有所了解,保证质量。

【治疗】

每只鸡喂鱼肝油50～100国际单位,滴服,每天3次。对严重病鸡可肌注鱼肝油1毫升(每毫升含维生素A 2 000国际单位)。大群治疗,可在每千克饲料中添加维生素A 10 000国际单位。

(二)B族维生素缺乏症

本病是由于饲料单纯或长期饲喂维生素B缺乏的日粮,或患慢性胃肠疾病,引起的一种营养代谢障碍性疾病。病鸡以多发性神经炎、神经麻痹和痉挛为特征。

【症状和病变】

B族维生素主要包括维生素B_1、维生素B_2、维生素B_6、维生素B_{12}、烟酸、泛酸、叶酸等。

1. 维生素B_1缺乏症

病鸡表现为消化不良、厌食、多发性神经炎,当病变继续发展时,腿、翅膀和颈部骨骼肌发生麻痹,病鸡呈"观星"的姿态。

2. 维生素B_2缺乏症

病鸡缺乏核黄素时,表现生长缓慢,消瘦,脚趾蜷曲。

3. 泛酸缺乏症

雏禽羽毛褪色、松乱、断裂和脱落,口角、眼睑发炎,脚趾部皮肤发生破溃或裂痕。

4. 烟酸缺乏症

病鸡主要表现为"糙皮病"。

5. 维生素B$_6$缺乏症

病雏鸡表现食欲下降, 生长缓慢, 骨短粗和弯曲。有的神经纤维发生变性, 雏鸡走路时肢体表现颤动或呈急跳动作。有时出现扑动翅膀、无目的到处乱飞或倒在地上, 头和肢呈急剧摆动等惊厥症状。

6. 叶酸缺乏症

雏鸡表现为生长不良, 羽毛发育极差、羽毛褪色, 贫血。胚胎死亡率明显增高。

【诊断】

有B族维生素缺乏或影响其吸收、利用的因素存在, 临床以多发性神经炎、神经麻痹、痉挛、生长发育不良为特征。综合分析, 可做出判断。

【预防】

应供给富含B族维生素的饲料, 如糠麸、青绿饲料、发芽大麦、酵母粉等。

【治疗】

在饲料中添加足够数量的酵母、苜蓿粉。

在育雏期内饲料可添加复合维生素B片, 配方是: 酵母粉, 2~3克; 复合维生素B片, 2~3片; 浓鱼肝油, 2~3毫升。将以上药物混匀, 研细, 拌入雏鸡饲料中, 每天分6次喂服。本配方为100只雏鸡1天的量。雏鸡出壳后可连喂10天。随着日龄增大, 添加量可酌增。

必须指出的是, B族维生素缺乏时, 在症状上常相互渗透, 很难准确划分。实际上一旦某种维生素B缺乏时, 其他也相应地缺乏, 因此治疗时一般应用复合维生素B注射或内服,能收到良好的效果。

（三）维生素D缺乏症

本病是由于鸡饲料中维生素D供给不足,或体内合成维生素D障碍所引起的一种营养。临床以雏鸡佝偻病和缺钙症为特征。

【病因】

鸡的维生素D缺乏多见于笼养鸡和幼雏。主要由于晒不到太阳,或者饲料中维生素D的添加量不足,肝脏中的储藏量消耗到一定程度后,即可出现相应症状。

【症状】

当雏鸡饲料内缺乏维生素D时,一般在1月龄前后出现佝偻病症状。病雏表现为食欲尚好而发育不良,两腿无力,步态不稳。鸡的骨骼变形,胸骨弯曲、肋骨变形、肋骨与胸骨及脊椎骨的连接处发生内陷而呈弧形,易挤压或损伤内脏器官,特别是在应激因素的影响下,常发生突然死亡。

成年鸡缺乏维生素D时,经2~3个月,所产蛋壳明显变薄,经常出现软壳蛋,产蛋量减少,种蛋孵化率显著降低,在入孵后10~16天出现大量死胚。个别母鸡在产出一个蛋之后,腿软不能站立,需蹲伏数小时后恢复正常。

【预防】

鸡的日粮中应注意钙、磷比例要适当。喂雏鸡的料,不能喂蛋鸡或肉鸡,肉鸡料更不能喂蛋鸡。

【治疗】

对症状明显的,可口服浓鱼肝油1~2滴,每天1~2次,连用10天。同时每100千克饲料将所添加的多维素增至50克,持续2~4周,到病鸡恢复正常为止。如有可能,让鸡多晒太阳,有良好的预防作用。

(四) 维生素E缺乏症

本病是由于饲料中硒和维生素E不足或缺乏而引起的一种营养代谢性疾病。临床主要以脑软化、渗出性素质和肌营养不良为特征。

【病因】

由于饲料中缺乏维生素E或硒，或两者同时缺乏所致。本病多发生于20~50日龄内的鸡。

【症状与病变】

脑软化症：病鸡共济失调，头向后或向下弯曲，有时向一侧扭曲，两腿节律性痉挛。最终因衰竭死亡。

渗出性素质：病鸡皮下水肿，严重时腹部皮下蓄积大量淡蓝绿色液体，致使两腿叉开，有时引起突然死亡。

肌营养不良：病鸡表现腿软，翅松弛下垂，运动失调，颈部及四肢肌肉痉挛，冠髯苍白，眼半闭。严重时两腿完全麻痹而呈躺卧姿势。

【诊断】

根据病鸡出现脑软化、渗出性素质和肌营养不良等典型症状和病理变化可做出诊断。

【预防】

应每天给鸡饲喂新配制的饲料，不喂陈旧、变质饲料。在雏鸡生长期，必要时适量添加维生素E、硒和含硫氨基酸；或在饲料内添加0.5%植物油。

【治疗】

给病鸡饲料内补加维生素E（每千克饲料内加20~25毫克）。也可以口服，每只雏鸡3毫克，轻者1次见效。对严重病例可用0.1%亚硒酸钠注射液，肌肉注射，每千克体重0.1毫升，每两天1次，连用2~3天；或用维生素E注射液，肌肉注射，每千克体重3毫升，每天1次，连用2~3次。

（五）痛风（尿酸盐沉积）

本病是由于蛋鸡血液内尿酸盐含量过高，不能排出体外，在某些组织中沉积所引起的一种代谢病。以关节肿胀，排白色液状稀便为特征。

【病因】

由于长期大量饲喂过多的蛋白质饲料，如动物内脏、肉屑、鱼粉、大豆等，或在传染等因素作用下，鸡发生尿酸盐排出障碍所引起。

【症状与病理变化】

各种年龄（2~3日龄至成年）的鸡均可发生，但以青年鸡、成年鸡和公鸡为常见。病鸡关节肿胀、疼痛，初期柔软，以后变硬，关节和足趾变形，出现跛行，逐渐消瘦、贫血和衰弱。有的病鸡食欲减退，冠髯苍白，精神萎顿，停止产蛋，排白色液状稀便（白色物为尿酸盐），往往突然死亡。

【诊断】

根据临床症状和病变，可做出诊断。

【预防】

应减少饲料中蛋白质特别是动物性蛋白质含量，供给充足的饮水。饲料中的钙、磷比例配合要适当，切勿造成高钙条件。

【治疗】

用肾肿解毒药饮水，配合口服鱼肝油，一般5~7天即可治愈。对严重病例，使用"肾肿消"疗效比较好；或用别嘌醇（别嘌呤）5克，拌于10千克饲料中喂鸡，连续饲喂1~2周，可收到一定效果。

（六）鸡蛔虫病

本病是因蛔虫寄生所引起的一种疾病，病鸡表现厌食、营养不良、进行性消瘦。

【流行病学】

病原从粪便排出后,在外界适宜环境中发育成侵袭性虫卵,当其他鸡啄食后,在鸡的小肠内经1个月左右的时间发育为成虫,感染发病。本病主要侵害3月龄以下的雏鸡。成鸡常为带虫者。

【症状】

病雏鸡一般表现为精神不振,消瘦,贫血,发育停止,下痢或便秘,精神萎靡,双翅下垂,羽毛逆立。最后瘦弱死亡。

成年鸡一般不表现症状,个别严重者,表现出日渐消瘦,贫血,粪便稀软、白色或绿色,产蛋减少。

【病理变化】

在肠道内有大量蛔虫,可引起肠道阻塞,肠黏膜充血、水肿或出血,还可造成肠穿孔和急性腹膜炎。

【诊断】

根据临床症状、剖检变化和蛔虫卵检查可以确诊。

【预防】

鸡舍和周围环境中的粪便要进行堆积发酵处理,以杀死虫卵。雏鸡与成鸡要分群饲养,定期给鸡驱虫。饲料中应含有足够的维生素和蛋白质,以增强鸡体对寄生虫病的抵抗力。

【治疗】

用左旋咪唑,每千克体重25毫克,或硫化二苯胺每千克体重0.3~0.5克,拌料1次喂服。为达到彻底驱虫的效果,口服前要求停喂3~4小时。用药后要及时清扫粪便。也可用驱蛔灵,每千克体重0.2~0.3克,拌料1次喂服。

(七)鸡球虫病

本病是因多种球虫寄生于鸡小肠或盲肠内,引起的一种常见原虫病。特征是肠道组织损伤、出血。

【流行病学】

主要传染源是病鸡和带虫鸡。带虫鸡排出的卵囊污染饲料、饮水、土壤和用具,当鸡吃了感染性卵囊后而发病。饲养管理条件不良,鸡舍潮湿、拥挤,卫生条件恶劣时,最易发生。各个品种的鸡均有易感性,15~50日龄的鸡发病率和致死率都较高,成年鸡有一定抵抗力。

【症状】

病鸡全身衰弱,精神萎顿,翅下垂,羽毛松乱,眼睛紧闭,头体卷缩,排带血稀便,鸡冠贫血。如感染柔嫩艾美耳球虫,开始时粪便为咖啡色,以后变为完全的血便,致死率可达50%以上。若多种球虫混合感染,粪便中带血液,并含大量脱落的肠黏膜。

【病理变化】

病鸡消瘦,鸡冠与可视黏膜苍白。

柔嫩艾美耳球虫:主要侵害盲肠,盲肠显著肿大,可为正常的3~5倍,肠腔中充满暗红色血样液体,盲肠上皮肿胀、脱落。

毒害艾美尔球虫:侵害小肠中段,肠腔扩张,肠浆膜充血,并密布出血点。肠壁变厚,黏膜充血、出血及坏死。

巨型艾美耳球虫:损害小肠中段,可使肠管扩张,肠壁增厚;内容物黏稠,呈淡灰色、淡褐色或淡红色。

【诊断】

应根据临诊症状、病理变化和病原检查,进行综合诊断。

【预防】

加强日常饲养管理,饲养密度要适宜。饲料要营养全面,饮水要清洁卫生。粪便、污物要及时清除。水槽、饮水器要坚持每天用消毒液(如高锰酸钾液)冲洗1次,每天清粪1次,地面用3%的火碱水喷洒1次。冬季应注意通风换气，保持舍内干燥。

药物预防可选用硝苯酰胺（球痢灵），预防剂量1吨饲料拌入125克，从15日龄雏鸡开始一直喂到45日龄停止。

【治疗】

硝苯酰胺（球痢灵），1吨饲料拌入250克，连喂7~10天，停药7天左右再投喂7~10天；或用马杜拉霉素（抗球王），1吨饲料拌入500克，连喂7~10天。

抗球虫药物很多，如氯苯胍、盐霉素（优素精）等，都有很好的疗效，但球虫容易产生抗药性。建议应有选择地交替使用药物，以避免或减弱抗药性的产生。

（八）鸡盲肠肝炎

盲肠肝炎又叫黑头病、组织滴虫病，是鸡的一种急性原虫病。特征是病鸡便血、贫血，肝脏坏死和盲肠溃疡。

【流行病学】

本病是由于组织滴虫钻入盲肠壁繁殖，其后进入血液和寄生于肝脏所引起的。鸡群的管理条件不良，鸡舍潮湿，过度拥挤，通风不良，光线不足，饲料质量差，营养不全等，都可成为诱因，使本病病情加重。

【症状】

病鸡精神萎顿，食欲减退，以后完全不食，羽毛粗乱，翅下垂，身体蜷缩，怕冷，闭眼，腹泻，排出黄色或淡绿色稀便。严重病例粪便带血或完全血便。有些病鸡头部皮肤淤血，呈蓝紫色，所以称为"黑头病"。

【病理变化】

病变主要局限在盲肠和肝脏。一侧或两侧盲肠肿大，黏膜出血，肠腔积血。肝脏肿大，表面形成圆形或不规则形状下陷的坏死灶,中心为淡黄色或黄绿色,外周边缘隆起,呈灰色。成年鸡肝脏坏死灶可融合成片。

【诊断】

根据流行病学、临床症状和病理变化不难做出诊断。尤其是肝脏表面形成圆形或不规则形状下陷的坏死灶,可作为诊断本病的主要依据。

【预防】

要将不同日龄鸡分群饲养,雏鸡如能进行网上饲养,不接触粪便和污物,可大大减少本病的发生。定期驱除鸡群异刺线虫(如用驱虫净每千克体重40~50毫克),因盲肠内的组织滴虫常被异刺线虫吞食,驱除异刺线虫相当于驱除组织滴虫。鸡舍地面、运动场要彻底消毒,最好不要把鸡放养在土质地面上,以避免鸡吃到带虫蚯蚓引发感染。

【治疗】

治疗可选用痢特灵,在饲料中添加0.04%,即每千克饲料中加4片(每片0.1克),连用5~7天。2-氨基-5-硝基喹唑,在饲料中添加0.05%~0.1%,每天1次,连用14天,有很好的疗效。甲硝唑(灭滴灵),按每千克饲料添加400毫克剂量,拌料喂服,连用5~7天。也可用左旋咪唑,在病鸡转向康复时,用于驱除异刺线虫,鸡每千克体重用25毫克,一次性口服;或使用针剂,常用5%的注射液,每千克体重肌肉注射0.5毫升。

为减少因继发感染造成的死亡,在应用上述药物的同时,可适当应用广谱抗菌素,如氟苯尼考、复方敌菌净、盐酸克林霉素等。为阻止盲肠出血,促进盲肠与肝脏损伤的恢复,每千克饲料添加维生素$K_3$2~3毫克,浓鱼肝油1~2滴,连用2~3周;也可喂服护肝片,每只鸡早、晚各服1片,连用5~7天,有利于恢复肝功能。

（九）鸡羽虱

本病是因鸡羽虱寄生于鸡的体表而引起的一种寄生虫病。临床特征是鸡体消瘦，产蛋率下降。

【流行病学】

鸡羽虱的全部生活史都在鸡身上进行，由卵经若虫发育为成虫。它一般不吸血，只依靠吞食鸡身上的羽毛或皮肤鳞屑为生，离开了鸡体无法独立生活，很快死亡。本病在秋冬季节多发，密集饲养时易发。

【症状】

鸡群易出现躁动不安、惊群现象。病鸡羽毛蓬乱、折断，多数鸡啄噬自身羽毛，鸡体消瘦，病鸡发痒，在掉毛处皮肤可见红疹、皮屑。查看鸡体，可见头、颈、背、腹、翅下的羽毛较稀，有的部位皮肤及羽毛基部上有大量羽虱爬动。

【病理变化】

除体表病变外，其他病变不明显。

【诊断】

根据鸡群奇痒不安的表现，对鸡群进行检查，发现鸡体皮肤、羽毛基部寄生大量羽虱，即可确诊。

【防治】

主要采取预防措施，对鸡群定期用10%二氯苯醚菊酯，加5 000倍水，用喷雾器对鸡逆毛喷雾，全身都必须喷到，然后再喷鸡舍，每2个月进行1次。用阿维菌素，按有效成分每千克体重0.3毫克，拌料喂服。也可用阿维菌素1%粉剂10克，拌入20~30千克沙中，任鸡自行沙浴。

（十）鸡皮刺螨病

鸡皮刺螨又叫红蜘蛛，是鸡体上一种较为普遍存在的外寄生虫。特征是鸡只瘙痒,精神不安,鸡冠变白,产蛋停止。幼鸡营养不良,消瘦,可因衰竭死亡。

【流行病学】

鸡皮刺螨的雌虫在吸饱血后爬到墙壁的缝隙、灰尘或碎屑中产卵,卵经过数天后变为成虫。成虫利用尖细的口器刺穿鸡的皮肤,晚上爬到鸡身上吸饱血;吸血后离开鸡体隐匿在笼具、墙地面的缝隙或鸡的羽毛里,再交配、产卵。

【症状】

雏鸡感染后常因严重失血而死亡。产蛋鸡有大量鸡皮刺螨寄生时,会导致鸡体贫血、产蛋率下降,造成巨大的经济损失。

【诊断】

用棉签在鸡尾和腹部蘸取虫体,置于载玻片上,放在显微镜下观察,确定鸡皮刺螨(见图9-4)。

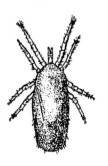

图9-4 鸡皮刺螨

【预防】

搞好鸡舍卫生,保持干燥,湿度不要过大。对空鸡舍要做到彻底灭虫,可将敌百虫按0.66%的浓度溶解后,对鸡舍进行喷洗,喷洒要彻底,尽量将木板、鸡笼等处喷到,彻底消毒被污染的一切饲喂用具。及时清除污染的垫草和粪便，鸡舍内墙壁、缝隙可用石灰浆粉刷。禁止有鸡皮刺螨病的鸡群与其他健康鸡群合并。

【治疗】

可用溴氰菊酯配成0.125%水溶液，或杀灭菊酯配成0.1%~0.2%水溶液，直接向鸡体喷洒，同时对鸡舍、笼具也进行喷洒。

六、主要中毒病与普通病的防控技术

（一）有机磷农药中毒

本病是因鸡误食含有有机磷农药的饲料而发生的一种中毒病。特征是蛋鸡腹泻、肌肉痉挛。

【病因】

主要原因是鸡误食了被有机磷农药污染的饲料，或被有机磷农药喷洒或拌过种的农作物、种子、菜叶等。

【症状】

病鸡不食，流泪，肌肉震颤和无力，运动失调，腹泻，呼吸困难；后期鸡冠变紫红色，体温下降，窒息和倒地死亡。

【病理变化】

肝肿大，质脆，胆囊胀大，胆汁充盈，腺胃黏膜脱落、出血，肠黏膜出血，心肌出血。

【诊断】

根据临床症状和病理变化，可做出诊断。

【预防】

平时注意对有机磷农药的保管、贮存和使用，在鸡场附近禁止存放和使用此类农药，以防止饲料和饮水被污染。使用含磷驱虫药时要严格掌握剂量，如敌百虫每千克体重致死量为0.07克，内服驱虫的浓度不应超过0.1%。

【治疗】

对1605等中毒的病鸡，可灌服1%~2%石灰水5~7毫升，能使1605等很快分解而失去毒力。对敌百虫中毒可肌肉注射4%解磷定，每只鸡0.2~0.5毫升；或硫酸阿托品，每只鸡0.1~0.25毫克。

（二）食盐中毒

食盐是鸡不可缺少的矿物质，但在饲料或饮水中含量过高则会引起鸡发病，甚至中毒死亡。据实验，鸡的食盐最小致死量是每千克体重4克；当幼雏的饮水含0.9%食盐时，在5天之内死亡率可达100%。

【病因】

主要由于计算失误，使日粮中加入食盐过多；或配料所用的鱼粉干或鱼粉含盐量过高，导致重复加盐；有些非常规饲料（如酱渣、骨粉等）含有食盐，未经测定，导致日粮严重超标；有时因工作失误使食盐混入饲料中，或饲料调制不均，均会引起本病。

【症状】

病鸡精神萎顿，不爱活动，羽毛松乱，两翅下垂，怕冷，食欲减退或完全不食，但饮水量剧增，嗉囊扩张；后期可见角弓反张，头颈歪斜，伸腿等症状。腹腔积水，腹部增大，手摸有波动感；关节、皮下水肿，最终因高度呼吸困难而窒息死亡。

【病理变化】

嗉囊充满黏性液体，腺胃黏膜充血，小肠发生急性出血性肠炎，黏膜充血发红，有出血点。皮下组织水肿，腹腔和心包积水，肺水肿，心肌出血，血液浓稠。

【诊断】

了解发病史，实验室测定饲料中盐分含量，有助于做出准确诊断。

【预防】

严格控制饲料中食盐的含量,尤其对幼鸡。饲料中总含盐量以0.25%~0.4%为宜,最多不得超过0.5%。在配料时加盐要求粉细,混合均匀。平时给鸡供应新鲜清洁的饮水。

【治疗】

立即停喂含盐量过高的饲料,并供给大量新鲜饮水。对无力饮水的鸡,每只鸡嗉囊内注射2~3毫升清水;对中毒严重的病鸡,可试用手术治疗,方法是:拔去嗉囊壁上的一些绒毛,用消毒手术刀切开1厘米长的切口,挤出嗉囊内的高盐饲料,然后用注射器吸取清水注入嗉囊内,再挤出冲洗液,如此反复3次,最后做结节缝合。

还可皮下注射20%安钠咖,成鸡每只0.5毫升,雏鸡每只0.1~0.2毫升;同时配制10%葡萄糖水加适量维生素C,往嗉囊内注入。

（三）一氧化碳中毒

鸡一氧化碳中毒也称煤气中毒。本病多发生在育雏期,由于育雏室内通风不良或煤炉装置不适当,造成空气中的一氧化碳浓度增高所致。

【病因】

造成鸡一氧化碳中毒的主要原因是,在鸡舍内采用烧煤供暖时,由于排烟不畅或烟囱堵塞、倒烟、门窗紧闭,导致一氧化碳不能及时排出,引起中毒。当室内空气中含0.04%~0.05%一氧化碳时,鸡吸入后就有发生中毒的危险。本病在冬、春季节多见。

【症状】

病鸡精神沉郁,呆立,嗜睡,呼吸困难,伸颈吸气,腹部膨大隆起,临死前发生痉挛和惊厥。慢性中毒时,病鸡羽毛粗乱,食欲减退,精神呆钝,生长缓慢。

【病理变化】

肺和血液呈鲜红色。

【诊断】

根据发病史、临床上群发症状和病理变化即可做出诊断。

【预防】

鸡舍和育雏室应有通风和取暖装置,确保空气交换良好。

【治疗】

一旦鸡群发生一氧化碳中毒,应立即打开窗户及通风口或排风扇,换进新鲜空气。采用每升水加速补14.2毫升,饮用1天。第2天每只鸡再饮青霉素、链霉素(各2 000国际单位)水,连饮2天,以防继发感染。

(四)鸡曲霉菌毒素中毒

本病是因鸡采食了发霉饲料所引发的一种中毒病。

【病因】

垫料、土壤、饲料等,被黄曲霉毒素、镰刀菌毒素和赤霉菌毒素等污染。室内温差大、通风换气不良、密度大、阴暗潮湿,往往是本病暴发的诱因。

【症状】

病鸡精神沉郁,食欲减退、饮水增加,迅速消瘦,缩头,闭目,翅下垂,体温升高,羽毛松乱,呼吸困难,摇头甩鼻,眼鼻流液,并发出嘶哑声音,羽毛干燥易折,后期腹泻。

【病理变化】

肺、气囊和胸腔膜上有针头大至米粒大小的小结节,结节呈灰白色、黄白色或淡黄色,圆形,质地坚硬,当肺上有多个小结节后,肺的质地坚硬,弹性消失。

【诊断】

根据问诊情况(使用发霉垫料、饲喂变质饲料)、临床症状和病理变化,可做出初步诊断,确诊应进行试验室检查。

【预防】

在储存垫料过程中,一定要晒干,尤其在夏季多雨连阴天更应注意;每隔10~15天用1:2 000~1:3 000的硫酸铜溶液给鸡饮水,连用2~3天;对环境或饲料污染严重的鸡场,要使用制霉菌素每吨400克拌料,连续饲喂10天。

【治疗】

一旦发生本病,首先应更换新鲜垫料、饲料,做好保温和通风工作,防止鸡群扎堆。同时在饲料中加入制霉菌素,每吨400克拌料;饮水中加入5%葡萄糖和0.4%维生素C,早、晚各饮用1次。

(五)异食癖

异食癖又称啄食癖,是指鸡群中的鸡互相啄食,造成鸡体创伤,严重可引起死亡,是高密度鸡群中易发生的一种恶癖。常见的有啄肛癖、啄趾癖、食毛癖、食蛋癖、食鳞癖等。

【病因】

引起本病原因很多,主要是日粮中必需氨基酸、食盐、钙营养不足,或某种微量元素、维生素和粗纤维含量过低所引起。当鸡舍内通风不好,尤其是夏季高温时,易发生啄肛癖;鸡群饲养密度过大,光照太强,光照度不合理,或阳光直射入鸡舍,以及不同年龄、不同品种、强弱混群饲养,也会发生啄癖;产蛋箱太少或不合规格,或拣蛋不及时,蛋壳薄以致破损,被母鸡啄食后就会引发啄蛋癖;喂料间隔时间太长,或料供给不足,或饥渴时也会发生啄癖;喂颗粒饲料的鸡,因采食时间短,其余时间常发生互啄,以致成癖。直肠脱垂、羽毛脱落、外寄生虫的刺激等,是引起啄癖的常见诱因。

【症状】

啄肛癖:在育雏期时雏鸡发生最多,尤其在雏鸡患白痢病时,粪便堵塞肛门,其他雏鸡就追啄肛门,造成肛门破伤和出血,严重时可将直肠啄出,导致死亡。当鸡在光亮的地方产蛋被别的鸡看见后,会纷纷去啄食肛门。

啄趾癖:育雏室内,雏鸡容易出现相互啄食脚趾,引起出血和跛行。

食蛋癖:母鸡刚产下蛋,其他鸡争相啄食,有时母鸡也啄食自己产的蛋。其原因主要缺乏钙和蛋白质,如产蛋高峰期还喂产蛋前期料。

食毛癖:鸡与鸡之间相互啄食羽毛或自食羽毛,在产蛋高峰期或高产母鸡群中特别严重。笼养鸡也常易发生食毛癖。多因钙盐、氨基酸(特别是含硫的氨基酸)或维生素(主要是维生素B_{12})缺乏所致。此外,鸡体外寄生虫侵袭,引起皮肤奇痒,也可发生食毛癖。

食鳞癖:病鸡啄食自己脚上皮肤的鳞片痂皮,其他鸡往往并不啄食。

【防治】

(1)忌喂单一饲料,宜采用全价配合饲料。在饲料中添加0.2%的蛋氨酸,可减少鸡啄食癖。

(2)在饲料中补充天然石膏粉,每只鸡每天1~3克。也可用羽毛粉拌料,连喂3~5天。在鸡舍内或运动场上食槽里放些贝壳粉、硫酸钙、骨粉、木炭末和盐,并增设沙浴池。

(3)鸡舍内光线不宜过强,用自然光照时,窗户要用竹帘或席子遮光,或在玻璃上涂颜色,以减弱亮度。

(4)鸡群的密度要合理,室内空气要流通,温度和湿度要适宜,注意保持清洁卫生。产蛋箱数量要充足,定时拣蛋。

(5)随时淘汰那些有顽固啄癖的鸡,以防恶习蔓延。应当早期给鸡断喙。

(六)嗉囊下垂

嗉囊下垂又称嗉囊阻塞,是鸡的一种常见病。

【病因】

主要原因是鸡采食了过多干硬的饲料(大麦、玉米、高粱等)、异物(如毛发、稻草、麻团、塑料碎片等),或突然更换饲料,鸡抢食过多而致病。饲料中微量元素和维生素缺乏,饮水不足,饲喂不合理,可诱发本病。

【症状】

病鸡食欲减退或废绝,精神沉郁,不愿活动。嗉囊膨大、下垂,触压能摸到坚硬的异物或谷物,有时从口腔中流出酸臭的液体。由于气管被挤压,病鸡呼吸急促。

【病理变化】

嗉囊内充满气体和积食,并伴有酸臭气味。嗉囊黏膜增厚,可见溃疡灶。

【诊断】

根据临床症状和病理变化,即可确诊。

【防治】

对发病较轻的鸡,可灌入植物油0.5~1.0毫升,再轻轻按揉嗉囊,将鸡头向下,把内容物挤出。也可采用手术治疗(请参照食盐中毒)。

附　录

附录1　蛋鸡免疫程序

病名	日龄	疫苗	免疫方法
马立克病	1	单联冻干苗（HvT） 双价苗（ⅣT+SBa）	颈部皮下注射0.2毫升 颈部皮下注射0.2毫升
鸡新城疫	7	（LaSota）弱毒苗、克隆30疫苗	滴鼻、点眼
	27	重复上述免疫	滴鼻、点眼
	120	减蛋综合征油佐剂灭活苗	肌肉注射0.5毫升
鸡传染性法氏囊炎	14	中等毒力苗	饮水
	22	中等毒力苗	饮水
	120	油乳剂灭活苗	肌肉注射0.5毫升
	20	弱毒苗	点眼
	60	弱毒苗	点眼
传染性支气管炎	11	H120疫苗	滴鼻
	18	油佐剂灭活苗	肌肉注射0.3毫升
鸡痘	27	鸡痘苗	刺种
	120	鸡痘苗	刺种
鸡传染性鼻炎	21	油乳剂苗	肌肉注射0.25毫升
	120	油乳剂灭活苗	肌肉注射0.25毫升
鸡支原体病	7	油乳剂灭活苗	肌肉注射0.5毫升

注: 该免疫程序仅供参考

附录2 蛋鸡常用药物

药品名称	作用与用途	方法	用量
青霉素G钠	用于治疗鸡链球菌、敏感金黄色葡萄球菌、肺炎链球菌感染等病	肌肉注射、拌料	成年鸡每只50 000国际单位，雏鸡每只内服2 000国际单位，拌料饲喂
硫酸链霉素	用于治疗鸡霍乱、鸡伤寒、传染性鼻炎及支原体病	肌肉注射、饮水	每千克体重0.05克配成0.03~0.12毫克/毫升浓度饮服
头孢霉素	用于治疗鸡大肠杆菌、沙门菌、巴氏杆菌、金黄色葡萄球菌、绿脓杆菌等引起的感染等病	肌肉注射	每千克体重10毫克，每天3次
硫酸庆大霉素	用于治疗鸡大肠杆菌、金黄色葡萄球菌、氯脓菌引起的呼吸道、消化道、尿路及大面积烧伤感染和败血症等病	肌肉注射	每千克体重3毫克，每天2次
硫酸卡那霉素	用于治疗鸡白痢、大肠杆菌引起的消化道、呼吸道感染等病	肌肉注射	每千克体重10~30毫克，每天3次
林可霉素	用于治疗禽霍乱、葡萄球菌病等病	肌肉注射、拌料	每千克体重10~30毫克，分2次注完 每千克体重15~30毫克，每天2次
泰乐菌素	用于治疗鸡败血支原体病、传染性鼻炎等呼吸道感染	肌肉注射、拌料或饮水	每千克体重25毫克，每天1次 每千克体重15~20毫克拌料饲喂，连用10天或饮水，连用3~5天
制霉菌素	用于治疗鸡真菌性疾病，对白色念珠菌病及烟曲霉菌性肺炎病均有疗效	拌料	雏鸡每只每天5 000国际单位，连用3~5天

续表

药品名称	作用与用途	方法	用量
磺胺二甲氧嘧啶（SDM）	用于鸡慢性呼吸道病及轻度感染等	拌料	每千克体重20～50毫克拌料饲喂，连用7天
磺胺嘧啶钠（SD）	用于治疗鸡肺炎、巴氏杆菌病、腹膜炎、脑脊髓炎等感染	肌肉注射、拌料	每千克体重70～100毫升，每天2次 按占日粮的0.4%～0.5%拌料饲喂，连用3天
长效磺胺（SMP）	用于治疗鸡肺炎、巴氏杆菌病、腹膜炎、脑脊髓炎等感染。对各种细菌感染都有疗效	拌料	按占日粮的0.015%～0.02%拌料饲喂，连用3天
呋喃西林	用于治疗鸡白痢、鸡伤寒、鸡球虫病等病	拌料或饮水	按占日粮的0.016%拌料饲喂，连用3天 或配成0.01浓度饮水
痢特灵（呋喃唑酮）	用于治疗鸡消化道感染，如菌痢、肠炎、鸡白痢、鸡伤寒、鸡组织滴虫病和鸡球虫病等病	拌料	预防量：按占日粮的0.01%～0.02%拌料饲喂，连用7天 治疗量：按占日粮的0.01%～0.02%拌料饲喂，连用7天 按占日粮的0.03%～0.04%拌料饲喂，连用7天
丙硫苯咪唑或丙硫咪唑	用于防治鸡线虫、绦虫、吸虫等病，高效低毒	拌料	每千克体重10～20毫克，拌料饲喂
球痢灵（二硝苯酰胺）	用于治疗鸡球虫病	拌料	按占日粮的0.025%拌料饲喂
敌百虫	驱杀多种体内外寄生虫	外用	配成0.5%水溶液于体表局部涂擦

续表

药品名称	作用与用途	方法	用量
溴氰菊酯	对杀灭蚊蝇有效	外用	配成0.01%溶液,喷洒
来苏尔（煤酚皂溶液）	用于消毒鸡舍、用具及排泄物	外用	一般配成2%~5%的水溶液
臭药水（煤焦油皂溶液、克辽林）	作用与来苏尔相同	外用	配成3%~5%溶液喷洒消毒。配成10%溶液可以浸浴鸡脚治疗鳞足病
福尔马林（甲醛溶液）	用于消毒鸡舍、用具。甲醛蒸气可消毒孵化器、孵化室、种蛋	熏蒸消毒	一般每立方米空间需用甲醛溶液25毫升、高锰酸钾12.5克,熏蒸消毒4小时以上
生石灰（氧化钙）	用于涂刷鸡舍、墙壁及地面,或消毒排泄物。不能久贮,必须现配现用	外用	一般配成10%~20%石灰乳,喷洒消毒
火碱（氢氧化钠）	用于鸡舍、地面、环境及运输工具的消毒。注意本品有腐蚀性,能损坏纺织物	外用	配成2%~3%热水溶液,用于消毒鸡舍
新洁尔灭	用于手术前洗手、皮肤黏膜和器械浸泡消毒	外用或喷雾	一般配成0.1%~0.2%溶液
过氧乙酸	为强氧化剂,对细菌、芽孢和真菌均有强烈杀灭作用。可用于消毒鸡舍、尸体和污染的地面及用具	外用	一般配成0.2%~0.5%溶液
高锰酸钾（灰锰氧）	用于消毒皮肤、黏膜和创伤。本品溶液需现用现配。	外用	一般配成0.2%~0.5%溶液
乙醇（酒精）	用于皮肤和器械(针头、体温计等)的消毒	外用	一般配成70%溶液
碘酊	用于消毒皮肤。对创伤和黏膜有刺激性	外用	一般配成2%~5%溶液

续表

药品名称	作用与用途	方法	用量
紫药水	用于治疗鸡痘、皮肤和黏膜的感染	外用	配成1%～2%龙胆紫的水溶液
百毒杀	有杀菌、病毒作用。常用于消毒鸡舍	外用	10%百毒杀配成 1∶600 倍或用50%百毒杀配成 1∶3 000倍，喷雾消毒
碘甘油	治疗各种黏膜炎症（密闭保存）	外用	配制方法：碘化钾2克溶于10毫升蒸馏水中，加碘片3克，溶解后，加甘油至100毫升

参考文献

［1］杨宁. 家禽生产学［M］. 北京: 中国农业出版社, 2002.

［2］杨山. 家禽生产学［M］. 北京: 中国农业出版社, 2000.

［3］豆卫. 禽类生产［M］. 北京: 中国农业出版社, 2001.

［4］陈代文. 动物营养与饲料学［M］. 北京: 中国农业出版社, 2005.

［5］东北农学院. 家畜环境卫生学［M］. 北京: 中国农业出版社, 2002.

［6］甘肃农业大学, 甘肃省畜牧学校. 养鸡手册［M］. 兰州: 甘肃人民出版社, 1985.

［7］李培峰. 新编兽医用药指南［M］. 呼和浩特: 内蒙古人民出版社, 1993.

［8］张日俊. 动物饲料配方［M］. 北京: 中国农业大学出版社, 1999.

［9］陈清明. 畜禽生产经营管理实用技术［M］. 北京: 北京农业大学出版社, 1994.

［10］朱坤熹. 禽病防治［M］. 上海: 上海科学技术出版社, 1990.

［11］B. W. 卡尔尼克. 禽病学［M］. 第10版. 高福, 苏敬良主译. 北京: 中国农业出版社, 1999.

［12］杨振海, 蔡辉益. 饲料添加剂安全使用规范［M］. 北京: 中国农业出版社, 2003.